此珍贵的你

金知勋 著　山谷 译

时代文艺出版社
SHIDAI WENYI CHUBANSHE

图书在版编目（CIP）数据

如此珍贵的你 / (韩) 金知勋著; 山谷译 . -- 长春:
时代文艺出版社, 2024.1
书名原文: 참 소중한 너라서
ISBN 978-7-5387-7235-7

Ⅰ . ①如… Ⅱ . ①金… ②山… Ⅲ . ①自尊－通俗读
物 Ⅳ . ① B842.6-49

中国国家版本馆 CIP 数据核字 (2023) 第 176382 号

吉林省版权局著作权合同登记 图字 :07-2023-0026 号

如此珍贵的你
RUCI ZHENGUI DE NI

[韩] 金知勋　著　山谷　译

出 品 人 : 吴　刚
选题策划 : 三得文化
产品经理 : 许　许
责任编辑 : 余嘉莹
装帧设计 : 张景春
排版制作 : 鼎道传媒

出版发行 : 时代文艺出版社
地　　址 : 长春市福祉大路 5788 号　　龙腾国际大厦 A 座 15 层 (130118)
电　　话 : 0431-81629751 (总编办)　　0431-81629758 (发行部)
官方微博 : weibo.com/tlapress
开　　本 : 880mm×1230mm　1/32
字　　数 : 260 千字
印　　张 : 10.5
印　　刷 : 运河 (唐山) 印务有限公司
版　　次 : 2024 年 1 月第 1 版
印　　次 : 2024 年 1 月第 1 次印刷
定　　价 : 56.00 元

图书如有印装错误　请寄回印厂调换

　　对于深陷痛苦之中的人
来说，他们最需要的不是什么
忠告，也不是什么安慰，而是
你用心去聆听他们的故事，用
你的怀抱去温暖他们。他们需
要的，仅此而已。

　　我们登上成长这座山，不管到达哪个高度，都会有美丽的风景等待着
我们。低处自有低处的繁花似锦，高处自有高处的万紫千红。

看着他人的不足之处，肆意地用自己的标准去评判他人。最终伤害的
不仅仅是原本如此美好的他们，更是你那温暖美丽的心灵。

请不要因为感到孤独就随随便便找个人恋爱，

然后哭哭啼啼地开始后悔、埋怨。

你今天一整天也过得很辛苦吧?

轻轻地拍拍你,

真的是很辛苦的一天啊。

我们是如此珍贵，

因为我们过往的岁月，

让我们接下来的人生都变得珍贵无比。

所以我们一定要坚持下去啊，

我们一定会幸福的。

每个人的生命都是通向自我的征途，是对一条道路的尝试，是一条小径的悄然召唤。

——赫尔曼·黑塞

2 · 谈爱情

3 · 致苦恼的你

人就是这样的。很多人即使享受着富足的物质生活，即使身边围绕着再多的人，也不会感到满足，他们的欲望永无止境，就这样沉溺于外在世界而无法自拔。

虽然已经意识到自己的不幸，但还是会选择无视，将之归结于外部世界的贫乏，并沉浸在这种幻想之中，再次去索取更多的东西将自己周围的世界填满。就这样，这个被称为"我"的内心世界变得空空荡荡。其实真正需要填满的不是外部世界，而是"我"的内心世界，但人们却在一天天的生活中忘却了这个事实。人们暂时忘记了自己出生的理由和生命存在的目的，其真实的"我"所散发出的光芒已被由无数的谎言和面具所组成的云层所遮蔽，并逐渐消失。我们不再朝气蓬勃、充满活力，而是如同行尸走肉一般，随波逐流、得过且过。

但是，即使那样也没有关系。因为了解了那些不幸，所以我们变得更加渴望拥有真正的幸福。因为当下经历了这些不幸，我们最终会获得真正的幸福。

我好像就是以这样的心情来写作的。活下去吧。现在，活下去吧。让我们从现在开始守护我们的真心吧。不然，我们将生活在死气沉沉的虚幻中，变成行尸走肉。现在，就让我们把被这世界夺走的真心重新寻回来吧。就这样，让我们变得幸福起来吧。

我觉得人的最大痛苦就是失去真心。为了展现更好的自己，我们戴上华丽的面具，登上了人生的舞台。因此，我们因为世上没有真正了解自己的人而备感孤独，甚至因为无法尊重和接纳真实的自己而丧失自尊心，并由此患上了名为"空虚"的病，为此长吁短叹、痛心疾首……

所以我选择"真心"这两个字作为本书的主题。只有找回真心，我们才会获得真正的幸福；只有用真心去靠近对方的心，我们才能真正走进他们的心中，才能够催发出安慰和喜悦的花朵。"真心"二字并不仅仅停留在本书的主题方面，还有希望在你的心里催发出安慰和喜悦的花朵的意思。我在写作中倾注我所有的真心与至诚，只为了使阅读这本书的你可以从书里的每一个字、每一句话中都能感受到我的心意。

我衷心祈祷我能够走进你的内心深处，并使你感到温暖。

如果我是真心的，便会成功安慰到你，所以判断我真心与否这件事情就完全交给阅读这本书的各位了。

我在克服痛苦，重新站起来之后写了一本名字叫作《不要失去勇气，加油吧》的书，在这本书中我写道："人们常说'时间是最好的良药'，我认为这句话只说对了一半。如果我们不改变自己的心，即使心灵的伤口会随着时间的流逝得以愈合，也还是会因为其他的事情不得不再次承受痛苦。"

需要改变的不是这个世界，而是我们的心。虽然心灵的伤口会慢慢愈合，但我们却可能依旧无法感到幸福。因为这件事情过去了，我们还会遭遇其他事情，陷入到跟之前一样的情境当中，不断地受到伤害。因此，我们只有与时间一起成长，曾经的伤痛才会结痂、脱落，我们才会因为成长而变得更加坚强，不再受到来自这个世界的伤害，从而获得真正的幸福。

如果能够找回我们的真心，记起已被遗忘了的我们真正存在的理由；清楚认识到活下去的目的是每时每刻都真心地活下去并得到成长，那么，我们一定会获得幸福的。

自古英雄多磨难，我们现在经受的种种痛苦都是我们的宝贵财富，我们会因为那些事情获得成长，成为更好的自己。

我们，一定会好起来的。

那么，就让我们从现在开始，重新找回我们那被无数谎言掩盖住的真心，将成长视为活下去的唯一目的吧。我希望我所写的文字能够给你带来安慰，更希望它们可以让你下定决心守护好自己曾被抛弃掉的真心，让你那原本为获得外在成功而变得空空荡荡的内心因为成长再次变得丰盈起来。

我对各位的祝福，将永远地留在这个宇宙空间，永远地守护着你们。而现在，我将双手合十，恳切地祈祷，祈祷你们能够获得幸福。

知勋 敬上

1·给予你的安慰

总有一天你会知道，现在让你无比怨恨的痛苦，可能会让你完成蜕变，从而成为一份极其珍贵的人生礼物。

尽管感到痛苦，但也没关系的。

你会通过现在的这份痛苦寻回你被这世界夺走的真心和仅属于自己的颜色，变得更幸福。

这，就是痛苦的积极作用。

现在的这份痛苦——又或者说这份礼物——的到来，就是为了让你获得成长，让你寻回迷失的自己。

所以，请怀着喜悦的心情接受它吧。

痛苦教会我的事情

那时还未经历过痛苦的我，比谁都要活得热烈，却从来都不知足。如果没有拿到第一名，委屈和愤怒会使我彻夜难眠。这，是曾经的我。

当从事美术相关工作的哥哥发出噪音时，我会大喊大叫地扔东西，声嘶力竭地说他影响了我的学习。在需要合作的事情上，因为自己的完美主义，无法信任别人，而选择独自承担一切。因为对别人能力的不信任以及对自己能力的过分自信，甚至自私到不允许别人有丝毫的质疑。这，是曾经的我。

我曾经要求一切都要完美，对于别人的不足之处，比起认为是金无足赤，更倾向于指责他们是不思进取以及懒怠。这，也是曾经的我。

现在，我所发出的声音，能给这个世界上的某个人带来安慰和力量，我的思想也有了很多值得别人学习的地方，人们都向我奔赴而来。

在成为这样的我之前，我经常感到绝望，甚至觉得与其这样忍受着孤寂与煎熬，不如去死好了。

那时的我相信，这是对我的惩罚。我被巨大的负罪感所笼罩，甚至觉得即使就那么死掉也是活该。

后来我花了很长时间才明白，原来痛苦是成长带来的礼物。

那个时候，羞愧、后悔和负罪感撕扯着我的内心，那份痛苦扼住了我的喉咙，让我无法呼吸。

当伤口愈合之后，当我再次站起来时，我的人生和我的存在好像变得比从前更加明亮耀眼。

不管是我，还是别人，我们的不足之处凸显了我们的人性，而这人性是多么的美丽啊。

经受痛苦前，我为自己做了无数祈祷：请让我获得成功、请让我取得第一名……经受痛苦后，我所做的祈祷变成了：众生皆安，大家都要幸福才好。

之所以出现这种截然不同的变化，就是因为我经历了痛苦的磨炼。

在那些疲惫不堪的日子里，母亲经常将积压许久的餐具清洗干净，她的爱意时刻萦绕着我；在爸妈感到疲惫的时候，我会上前拥抱他们，并饱含深情地告诉他们："谢谢你们，我爱你们！"我会经常爱抚小狗，温柔地望着它们，将它们当成家中的一分子，有好吃的食物，也会特意为它们留出一份。

就这样，我学会了去爱，学会了沉稳与耐心——面对事情不再大包大揽，更懂得了团结合作，也会给予他人学习的机会；我学到了美丽的人生智慧——比起因他人的无礼而生气并予以更加无礼的反击，我所展现出来的亲切态度更容易赢得他人的认可；我学会了如何去化解那些讨厌我的人对我郁结于心的愤懑——与其以怨报怨，我更愿以德报怨，温暖地对待他们；我学会了诚实地面对自己，勇敢地向人们展示着自己经历痛苦前那蠢贪痴嗔的样子。

我从内心深处变得平和了许多，对那些蠢贪痴嗔的曾经，我也一样充满感激与爱意。

在我们生活中的任何瞬间，痛苦都可能意外地降临。

不管那是肉体上的痛苦，还是心灵上的痛苦，又或者是两者杂糅的痛苦。不要害怕那些痛苦，更不要因为那些痛苦而放弃自己的人生，不要被那些痛苦打倒。

痛苦让我们学会成长。那些曾让我们愤恨的痛苦在不知不觉间会成为我们人生的一环，甚至成为对我们而言极其珍贵的礼物。

我们因此变得更加美丽，我们因此变得更加温暖。

我曾少不更事，历经痛苦，蠢贪痴嗔，如今却在安慰着你们。正是因为我经历了那些痛苦，现在这一切才成为可能。

所以即使痛苦，也没关系，一切都会过去的。

致正走在一段艰难旅程中的你

会好的。

眼下这条路，哪怕让你再痛苦、再疲惫，也没有关系，很快就会好起来的。你会顺利渡过难关，并于其中寻得其存在的终极奥义。

只是坚持走下去的第一步会很难，为了能够向前跨一步，或许现在你需要承受一点儿痛苦——痛苦是成长所发出的信号。虽然那信号灯看起来好像闪烁红光，但用不了多久就会柳暗花明，亮起绿灯，你会很快通过当下这个人生考验。

你现在做得很好，以后也会做得很好，现在你的短暂停留也没什么要紧的，对吧？这只是你跋山涉水中的一次休息而已啊。

就像写文章积句成段、积段成章一样。就像为了完成一个故事，想让你的故事具有更浓厚的韵味、更加丰富多彩，你遇到的困难只是故事里暂时画下的休止符而已。

所以没关系，真的没关系的。请暂时享受一下这休止符所带来的余韵吧！在绿灯亮起时，在穿过这段路后，将过往的痛苦都铭记于心。

总有一天，我会在某个合适的瞬间，对你说："那些杀不死我的，终将使我变得更强大。如果当时的我屈服于当时的痛苦，或许我现在依旧是一个不懂事的孩子。当时真的很辛苦啊，但现在回头看，才发现这是成长所必需的经历。所以，我对这一切充满了感激。"

所以没关系，真的没关系。

反正就是这样的人生，那我们就笑吧

很累吧？你现在的心情我很了解，因为现在的我过得也很累。

比起不曾感受过这份疲累的人对你说"加油"，也许你更需要的是同样感受过疲累的人对你的认同。

生活的担子太沉重了，即使咬紧牙关坚持着让自己不倒下去，也依然两股战战、酸麻难耐，想瘫坐在地上，就此放弃。我非常理解你的这种心情，真的非常理解。甚至那种类似骨头碎掉、脑袋快要被炸开、心脏好像要破裂的痛苦，我都感同身受。

如果这就是所谓的人生的话，如果这就是我们活下去要面临的现实的话，如果这就是不管怎样我们都要接受的考验的话，那就让我们做个深呼吸，抖掉压在我们肩膀上的紧张感，微笑着面对吧。

希望你能加油！希望你一定要再多笑一笑——一定要再多笑一笑。

生活，并不会一直风和日丽，有时也会凄风苦雨。所以我们才会经常走着走着，眼泪就流了出来，有时甚至会莫名其妙地大哭起来。

我并不是无坚不摧，偶尔也想得到些许的安慰，想被某个人抱在怀里，可以尽情地哭泣。所以让我们拥抱在一起吧！让我们紧紧地抱住彼此，在彼此的怀抱中尽情地哭泣吧。

让我们痛快地哭一场，然后肆无忌惮地去嘲笑对方丢脸的样子。就这样给予彼此安慰，用笑容拂去痛苦，用这新生出的勇气，再次出发，向前迈出步伐。再轻松一些！再幸福一些！

你看，我们走到这一步，不是做得很好吗？以后的我们肯定也能做得很好。

虽然到现在为止，我们承受了很多痛苦和疲累，但即便如此，我们也曾拥有过开心的时刻，至少我们都还在很好地坚持着。因此我们将来也会做得很好，相信自己，让我们微笑着面对吧。

就像礁石，任凭浪一个接一个地朝自己扑来，都依然含着微笑，看着海洋。

清秀感

对你我来说，不过分华丽、清新纯净的美丽才是我们真正所需要的。

无论是你还是我，都费尽心思让自己看上去光鲜亮丽，不惜将自己真实又干净的样子隐藏起来。但有一天你会知道，这样做其实是得不偿失的。

虽然你戴着华丽而又帅气的面具，成为人群中的焦点，但你的心始终被笼罩在一片灰蒙蒙的雾气之中，不仅他人，就连你自己也渐渐遗忘掉你真实的模样。

但蓦然回首，空虚感和失落感会阵阵袭来，这份剧烈的痛苦会让你长吁短叹、抓耳挠腮。

你自身的清秀感早已不复存在，转而散发着人造光芒，这种光芒并非来自你的内心深处，真正的你正渐渐变得萎靡。

"我明明已经变得光鲜亮丽，但还是无法承受偶尔的孤独，悲伤朝我袭来，这让我没有一丝睡意。我看惯了人们赞叹的眼神，但由于生命中缺少了某些东西，所以并没有因此感到满足。"

这是因为你失去你原本真实的美丽了啊！这是因为人们所爱的那个你并不是真正的你啊！这是因为真正的你正拨弄着笼罩在你内心一隅的雾气，陷入了担心失去自己的恐惧中，并因此瑟瑟发抖啊！

所以，现在就请放下你那已经失去了生机和活力的虚假华丽，用从你内心深处所散发出的真正光芒，那原本明亮干净的灿烂光芒，找回那个名为"清秀"的真正美丽，让自己闪闪发光吧！

当下你正在走的这条路

即使你不清楚所走的道路正确与否，也不要轻言放弃，只有尝试过各种可能的人，心中才会拥有一幅广阔的地图。

如果总是能够轻而易举地找到正确的道路，那么这个世界还会有地图这种东西吗？

没错。为了绘制属于我们的地图，我们难免要面对一条条充满艰辛的挑战之路。

如果你当下正在走的这条道路荆棘丛生，也不要充满悔恨的情绪。

因为这条路让你心里的地图更为广阔，让你可以去理解这个世界的地图。

也许你会忽然感到恐惧，因为不知当下正在走的道路是否正确。

我每次回首自己走过的路，都会产生一股再向前迈出一步的勇气，也会产生要把这份勇气延续下去的毅力。

在这个过程中我学到了很多，拨开重重迷雾，获得了成长。

我也不知道这条路的尽头在哪里，以及到达终点的我又是否会获得财富和名誉。

我无从得知，也无法得知。

但我可以肯定的是，走在这条路上的我，收获了很多，也成长了很多。

就这样，我绘制了只属于我一个人的地图，在我这里，世界上的任何东西都无法与它相提并论。

我所绘制的地图既是我的人生，是我人生中唯一有价值的地图，也是这个世界上独一无二的、最宝贵的藏宝图。

所以没关系的，即使我们内心左右摇摆过也没关系的。

满口谎言的人生

满口谎言的人的人生总是很孤独。为了再多受一点儿尊敬而"撒谎"，为了再多得到一点儿爱而"撒谎"。

但，这样的人可曾想过：为了得到很多人的喜爱，你打造了一个虚假的人设来扮演自己。这世界上便再也没有了真正认识你的人。

因为人们喜爱的，不是真正的你而是戴着面具的你。

就这样一天一天地过去，总有一天你的孤独感会突然迸发，你也开始在你和你的人设之间摇摆。

那个时候，看着你显露出的真正模样，人们失望地皱着眉，头也不回地转身离开。届时，你会变得更孤独。

如果你想获得真正的尊敬和喜爱的话，就用你"原本真实的样子"生活吧。

会出现失误的你，不那么完美的你，悲伤的时候放声大哭、开心的时候哈哈大笑的你，也会因为一些琐碎的小事闹别扭的你……就这样率性自我地活着吧。

你以为只有完美的人才会有人喜欢，但其实，率性地生活的人也会获得尊敬，也会获得很多喜爱。

所以请务必把"自己必须戴着面具才能得到喜爱"这种愚蠢至极的想法抛开。

从现在开始变得坦诚。

只有坦诚才是唯一能救你的绳索，只有它才能将你从极其孤独和空虚的泥淖里拯救出来。

你用你原本真实的样子来面对世界之日，也就是你以这个样子为人们所接受之时。

我认为这就是所谓的命中注定。

在你想尽办法维持你那扭曲的关系时，在你陷入偏执的时候，"真正的你"该有多辛苦啊。

如果连你都无法接受自己真实的模样，那么躲在你内心深处的那个真正的自己该有多么孤独和痛苦啊。

所以请不要心急，请坦诚地去面对人生吧！用你的一颗真心竭尽全力地生活下去吧！

爱情也一样。

总有一天，真正的缘分会降临在你的身上，你们会被彼此的真心，还有那美丽的香气所吸引。

勉强求来的缘分最终会土崩瓦解。

真正的缘分是断不掉的，就算你偶尔会有小失误，样子显得笨拙可笑。

你只需要好好珍惜你原本真实的样子就足够了。

偶尔感到害怕的时候

我很清楚正在朝着梦想前进的你在害怕什么。

如果可以乘坐时光机穿梭到未来，那么你一定很想知道当下的挑战是什么和终点在哪里吧?

未来如海，有太多未知。你为之心怀恐惧，彷徨迷茫。就这样，你在追梦的路上身心俱疲。

你在害怕和彷徨的泪水中苦恼着，你在失去方向的路上挣扎徘徊着，一次次地问自己要不要放弃梦想，是不是应该重新回到安逸的舒适区。

现在的你做得好吗? 你能做得好吗? 此刻，各种担心和苦恼不断地纠缠着你。

其实你知道吗? 你已经做得很好了! 真的，你已经做得很好了!

至于你质疑自己是否有能力做好，我可以告诉你，毋庸置疑，你一定可以做得很好。所以，还请如此优秀的你一定不要放弃自己的梦想。

让我们去相信吧。相信你的梦想、我的梦想，以及我们对梦想的热情和执着。

如果我们竭尽全力，如果我们的努力可以感天动地，那么我们就一定会获得上天赐予的帮助我们成长的最有价值的礼物。

所以我们要拼尽全力啊，只有努力到拼尽全力，拼搏到感动自己，我们才不会后悔。如果已经付出足够多的努力与热情，那么就无须遗憾。

就这样，你得到了成长，在我们的生活中再没有比名为"得到成长"更伟大的成功了。

所以，你能安慰一下自己吗？就这样对自己说"你已经做得很好了"，说"你一定可以做得很好的"。

难道你就不能像这样，去相信一下自己吗？

生活很难，即便是你自己也要学会安慰自己、相信自己啊。

所以，拜托了。

还有，希望你不再有太多的恐惧。你已经取得了世界上最伟大的成功，收到了来自宇宙的昂贵礼物，那名为"得到成长"的最伟大的成功和名为"得到成长"的最昂贵的礼物！

我有些害怕。

行走在这条人迹罕至的路上让我感到害怕，以至于我根本没有办法再向前迈出一步。笔直平坦的柏油路就在我的旁边，但为何我要拨开芦苇丛，穿过布满荆棘的路，绕上一段远路，留下一身伤痕呢？明明按照既定道路走就可以实现既定目标，安稳的生活就在我的身边，为何我却感到如此害怕？我真的不明白。

那是因为你是一个不能满足于既定道路的人，因为比起你那安稳的将来和有保障的人生，你更是一个以梦想为生的、为数不多的"另类的"人。

所以你会成为人群中的焦点，散发着更加灿烂的光芒；所以你会做很多别人不敢尝试的事，你将这份只属于自己的选择视若珍宝，并紧紧地抱在怀里。这种"另类"的魅力也使你获得了人们的由衷喜爱。

因此，请不要怀疑自己。相信你的梦想，迎接所面临的挑战。在通往梦想的道路上不会有失败，有的只会是"得到成长"这一伟大的成功。

感恩悔恨

人们都说生命是充满悔恨的延续。然而，生命也因此得到成长的延续。

人生到了某个时刻，我们就好像患上了沉湎于过去的病，总是活在对过去的懊悔中，斑驳的心像被人揪住一般痛苦万分。

但如果你仔细回想一下，在那个时候你其实没有其他更好的选择，当时的选择已经是你能够做出的最佳选择了。

然而时过境迁，现在你心中的天地变得更宽广，你可以承载更多的东西，因此，现在的你能够做出更好的选择。

因为你已经成长了很多，所以现在的你才会对过去产生悔恨。因此我们要感恩这悔恨，它证明了我们的成长。

当悔恨的暴风在你的心中肆虐时；当那些关于过去的思绪化作飓风，把你的一切都撕成碎片时；当你无法接受过去的选择及其所带来的后果，因而紧紧抵住太阳穴、揉着发闷的胸口时；当你因为悔恨放声痛哭而看不到未来时……你的心因愧疚而受伤，你的心因懊悔而变得斑驳沧桑。面对这样的内心，你对自己说："好累啊。当时做出那个选择的我太不像话了！现在的我既愧疚又懊悔，但依然要谢谢从前的自己克服了那些困难，才收获了现在这个更加成熟的我。"

因为善于学习和总结经验，我们的一生中总是充满了各种悔恨。

我们不断地成长，悔恨就是对此最好的证明。所以没关系，因为如果我们没有获得成长，我们也就不会有悔恨的情绪。暴风雨过后，你只会变得更强。

经过所有来自时间的历练，你成为现在的你。

无论是曾经让你怨恨到想永远忘记的那段过去，抑或是那些让你撕心裂肺的往事，又或者是那些你一想起来便禁不住微笑的、让你内心充满喜悦与幸福的事情……这所有的一切都让你成了现在的自己。所以你的过去是一段多么珍贵又多么美丽的旅程啊。

现在仔细想想，不管是那些让你感到痛苦的事情，还是那些让你感到怨恨的事情，都是为了成就现在的你，都是你必须要经历的事情啊。

所以请不要因为你悔恨的情绪让那些成就了你当下的珍贵回忆和光辉岁月变得枯萎、褪色。更不要再去苛责自己，再让自己深陷痛苦之中了。

现在的你也是如此美丽、如此珍贵，你本身就是这个世界上独一无二的可贵存在啊。

比起悔恨于这些成就你当下的过去，你更应该将那些珍贵而又美好的光辉岁月完完整整地保留在你的心里、好好地去珍惜。

　　请感谢那些名为"悔恨"的成长的证据，让它们静静地躺在你的回忆里吧。

改变的魔法

你曾下过的那些决心、许过的那些誓言，到现在还能记住多少？

如果你选择把今天的任务推到明天去完成，那么明天的任务就会被你推到后天去做。

你能够改变的，只有当下这个瞬间而已。

每个瞬间都会让你发生质的变化，而你对这些瞬间又做出了多少努力呢？

如果现在的你选择拖延的话，那么你便会一直拖延下去，但你若能用力撑起双腿，击退惰性，向前迈出一步的话，那么你就会不断前进。

你要提高警觉，如果一直拖延下去，你就会不知不觉地站到悬崖边，那时的你可能会跟现在的你无比相似。

改变的魔法其实很简单。思考之后马上付诸行动。下定决心做某事之后，在懒惰和自我合理化的念头渗透进你的内心之前马上行动。

怀着对改变的迫切感去战胜过去所有的陋习和由此产生的惰性，向前迈出坚毅的一步。

得到那样的成长后，你会变得更加幸福。

所以不要沉浸在你的舒适区踌躇不前，不要一生都犹豫不决，现在就抛开懒惰，咬紧牙关迈出你的第一步吧。这一步会让你的生活发生180°的改变，会成为具有魔法的一步。

如果之前你有拖延的毛病，请暂时合上书，不要被任何的借口和自我合理化的念头所蒙蔽，希望你的这一步就是从现在这一刻向前迈出的。如果你无法做到，那么你这一生也不会再有任何改变了。所以拜托了。

不断地重复着懒惰，你只会因回首过往而陷入无限的悔恨当中，怨恨着不做出改变的自己，不断自责，痛苦万分。

没关系的。

因为这些悔恨、怨恨和痛苦，你才会更加迫切地想要做出改变。所以没关系，真的没关系。

你可以用更强大的意志去战胜那些束缚你的习惯以及惰性，迈出改变的第一步。

请记住，过去只留在你的回忆里，将来只存在于你的想象中，能够改变的只有当下。

请停止为自己的懒惰进行诡辩和自我合理化，如果当下的你选择拖延，那么之后的你还是会继续选择拖延。请记住，如果你永远都一味地选择拖延下去，那站在人生尽头的你将跟现在的你相差无几。

为了你的当下，为了你的将来，为了让你自己挣扎着迈出改变人生的这一步，为了让你自己成为想成为的人，让你自己获得幸福……就是现在，咬紧牙关，克服惰性，用你的意志迈出这一步。

现在的你挥手将惰性的乌云一片片地驱散开，沐浴在意志所带来的温暖阳光下，沉浸在发生了改变的喜悦之中。

你不会再因为无法向前迈出一步的罪恶感而去苛责自己，伤害自己。你是如此珍贵，你是如此可爱。

与其追究自己为什么没有做到，倒不如为了你以后能够做到而去引导自己，这才是问题的关键。所以，当下真实而又极其珍贵、美丽的你，请向前迈出步伐吧，不要再带着负罪感，而要怀着满腔的热情。

如果你感觉迈不开双腿，如果你感觉你战胜不了惰性而想再次躺平，请想想你如此宝贵的人生、你迫切地想拥有的改变，咬紧你的牙关，紧握住你的双拳。不要认输，你一定要赢！如果现在的你无法向前迈出一步，你这一生都将无法再向前迈出一步，你这一生还没好好地发光就已经黯然失色。你的人生是如此宝贵，如此令人珍惜，你应该拥有这样的人生啊。

我希望你务必迈出改变的一步，让你的人生更加灿烂。

致后退的你

为了能够看到更为广阔的天地，你需要后退几步，远远地望着。为了跳得更远一些，你需要后退几步，以此"飞跃距离"①。

后退是为了让我们看得更广阔一些，为了让我们跳得更远一些。所以如果当下的你也在向后退着，我希望你，不要因暂时的后退而变得忧愁。

马上就能看到更广阔、更美好的世界了，难道还要让泪水遮住自己的视线吗？马上就要腾空而起，跨越长长的距离了，难道还要再背上沉重的忧愁负重前行吗？

请怀着喜悦的心情、美好的心情、激动的心情，去享受现在的后退吧。如同人们所说，你的后退一步是为了更好地向前飞跃。

———————————

① 译者注：此处原指足球比赛中的跑动跳起头顶球动作，完成这一动作需要助跑起跳。

有时候感觉自己好像在后退，感觉自己身心俱疲，内心充满恐慌。不过没关系。为了暂时远离眼下的生活，为了更好地掌控自己的人生，你需要稍微往后退一些。

或许你已经感到自己在后退，但这是为了到达更准确的地方，为了再一次将你的目标铭记在心，为了你可以跳得更远一些。

所以真的没关系。通过当下暂时的后退，你能再次审视你走过的路和将要走的路，然后获得成长。

为了全神贯注地向前奔跑而无暇他顾的你，为了你那痛苦万分、疲惫不堪的心，生活送给了你可以休息和充电的机会。你的心在休息和从容中会变得深邃起来，你因得以回顾过去而感到欣慰，这些都会使你变得更加成熟。

为了这样的你，生活才送了这份叫作"后退"的礼物给你。

请用喜悦的心情，去接受当下的后退吧。

什么是最现实的东西呢?

在这个忙忙碌碌的灰色世界，有一群人怀揣着梦想这一红色的浪漫。

其他人认为这群人不现实，嘲笑他们不像话，以他们认不清现实为由无视他们，称他们是一群受到现实的打击而将梦想作为避难所的逃跑者。

认为梦想是不现实的，这是一种错误的观念。但在某种意义上，这又是最现实的事实。

这个世界上所有伟大的人们都相信自己所描绘的梦想之路，他们都是一条路走到底的不现实的梦想家，一群脱离世俗的怪人。他们的眼睛里散发着光芒，怀着满腔热情，兴奋地向别人诉说自己的梦想。但对面的人却带着无聊的表情大摇其头，嗤之以鼻，但即使这样他们也没有感到失望。他们从来没有放弃过自己的梦想，一直相信自己的梦想一定能够实现。从他们的梦想中诞生出很多建筑、发明、诗歌、小说和音乐，以及数不清的理论……还有对这个世界来说不可或缺的思想精神。引领当下这个时代，是他们的梦想。

不要人云亦云，认为梦想是个不现实的东西。这种观念既荒谬可笑，又索然无味。从现在开始，去相信你的梦想吧，去追逐你的梦想吧。

你的梦想会把将来的惊喜当作礼物送给你，然后在将来你可以对着世界说："我之所以能够获得成功，是因为我心怀梦想，是因为我从未怀疑过我的梦想。很庆幸我的梦想并没有背弃我，我实现了自己的梦想，让梦想成了现实！"

每天都会如约而至的，不止早晨，还有茫然：今天要怎么度过呢？呼吸之间的茫然和郁闷带来的长吁短叹，还有迫使你不得不站起来的责任感。

也许我不是正在活着，而是正在死去吧！你因为这种想法而在无法忍受的空虚中垂下肩膀，眼神失去了热情、变得黯淡无光，同时还有你那逐渐失去温度、变得冰冷的心脏。

突然从某个地方或某个人那里传来了那个关于梦想的故事。瞧，他们那亮晶晶的眼睛和朝气蓬勃的表情！听，他们那不停跳动着的心脏，那红色的充满热血的心脏！不用问也能知道他们有多幸福。

他们曾经备受轻视，却最终破茧成蝶。

如今憔悴的你对他们充满了羡慕。因为自己毫无意义的人生和没有价值的生活，让自己曾经滚烫的心变得冷却，让自己对生活的热情和欲望消失殆尽。

所以说，最让你心动的，最让你开心的，最让你充满活力的，其实是你的梦想——请守护好自己那不知疲倦的热情和幸福吧！在这个嘲笑你的梦想不现实的世界里守护好你的梦想吧！

梦想，才是那个最现实的东西啊。

痛苦是成长的信号

有时候，刻骨铭心的痛苦是让我们实现飞速成长的信号。

这个冰冷的世界能给你的，只有深切的悲伤和深不见底的忧郁，你在其中痛苦地挣扎着。

没关系的，你会获得胜利的，你会获得成长的。

考验来到你的面前对你说："跨过这道难关成长起来吧！我就是为此而来的。"

我们都是通过累积经验获得成长的地球旅者。所以请做好身心俱疲又艰辛无比的准备，咬紧牙关。

没有哪条旅途会一帆风顺，我们正是因为经历了痛苦，才收获了幸福。如果没有痛苦和幸福的话，我们只是一群没有感情的机器而已。所以不要让自己崩溃，你所经受的痛苦都在你的承受范围之内，你会踩着这些痛苦站上人生的最高峰，面带微笑地尽情享受所有的美好。为了这样的将来，当下只是在度过一段虽然艰难但很短暂的旅程而已。

真的没关系，没关系的。不管经历什么事情，我们都会通过其中积累的经验获得成长。这些痛苦和考验都是生活送给我们的礼物，为了让我们学会照顾自己，为了让我们因此获得更多的成长。

所以就算现在稍微痛一点儿也没关系，真的没关系。

希望你能以更加坚强勇敢的心，面对为你而来的、由痛苦和考验组成的礼物，可以怀着喜悦的心情去拥抱它，让自己成长，希望你健康快乐。

你渡过了如此黑暗压抑的考验之河，又因担心当下的自己是否走在一条正确的道路上而感到疲累，因看不到终点在哪里而想要放弃，我想确定地告诉这样的你："你当下所走的路绝对是一条正确的道路！你不必一定要到达这条黑暗的考验之河的尽头。"

在只有你一个人行走的这条路上，你将完成只有你自己才能走完的路程。你将找到只属于你的意义和价值，你将会获得成长。

你渡过当下横亘在你面前的这条长河，你就一定会因此得到成长。这份成长恰恰证明了你所走的路是一条绝对正确的道路。或许其间你会失败、会倒下，或许你会因为拼尽全力还是没有达到目标而长吁短叹、陷入彷徨。但是你会从这份经历中感受到很多，学习到很多，也相应地会成长很多。这就是考验和痛苦所给予你的全部意义。

即使感到痛苦也没有关系，真的没有关系。一定要好好体会那痛苦所给予你的意义，一定要幸福。

名为"恐惧"的幻象

　　小时候看漫画看到过这样一个情节：弟子从师父那里接到一个任务，要他去走一条两旁都是悬崖峭壁，看着就让人心惊肉跳的窄路。弟子无法鼓起勇气走向那条充满危险的路，他深陷恐惧之中，双眼紧闭，瑟瑟发抖。

　　我从这部漫画联想到了我，还有正在恐惧中瑟瑟发抖的你。

　　在这部漫画中，师父告诉弟子："你因为看到这条路两边都是悬崖峭壁而感到绝望，所以你不敢走，如果你能摆脱这种思想，想象这是被美丽的花朵和青翠的树木所环绕的田野，那么你就可以战胜你的恐惧，轻松地走过去。"弟子听了师父的教诲之后便开始想象起来，然后信心满满地付诸行动，果然很轻松地走完了那条他原来看都不敢看的窄路。

　　倘若这样一条路存在于田野之上，那么我们完全不会产生恐惧感。

恐惧感就是这样的东西。一件事情实际做起来并不会这么可怕，但先入为主的想象会束缚住我们的手脚，让我们连尝试开始的勇气都没有。

走在这条路上，要是摔下悬崖怎么办？万一遇到凶猛的野兽怎么办？这条路上荆棘丛生，万一弄得浑身是伤又该怎么办？如果交友不慎被抛弃了该怎么办？如果挑战到最后以失败告终，让自己万分羞耻该怎么办？如果那个我爱的人没有给予我同样的爱该怎么办？如果对梦想的自信最终发现只不过是自负该怎么办？如果这考验最后只剩饥饿和艰辛，那个时候又该怎么办？

我们还没有踏上这条路往往就因为恐惧而犹豫着要放弃，试图去寻找一条更加安全的道路。

但是在感受不到危险的生活中，你不会学到什么有意义的东西，你所经历的一切也都毫无价值，所以你也不会拥有只属于你的人生意义，也不会获得那份勇气所带来的成长。

将自己的人生变成地狱或者天堂，完全取决于你瞬间的信任感和想法。

你当下走的路是悬崖峭壁间的狭窄小路，还是充满鸟语花香、绿树成荫、伴着蝉鸣清风的乐园，这取决于你现在下定的决心。

我们生活在当下，我们也将存在于将来，这本身不就是一个奇迹了吗？光是可以这样自由地呼吸，光是我们能够出生并存在于这个世界之上，本身就是一件只会发生一次的、令人激动万分的奇迹了。

所以，有什么可害怕的呢？

感谢我们生活在当下，又能走向未来；感恩所有的人生经历，怀着喜悦的心情去感受、学习、不断成长，即使这会让你痛苦，但这就是幸福。

我们的存在就已经是个奇迹了。你为何却仍感到不满足，渴望追求更多的东西呢？你是认为自己始终不够完美才放任自己深陷痛苦与不幸之中的吗？

请不要害怕任何东西。

你当下正在走的路是为了让你得到成长，生活给予你的馈赠，你要相信它是一件非常珍贵的礼物。

你只需要在"生活"这片森林里感受每一个气息，一步一步地走下去，慢慢地成长就可以了。

有时候，在路上走着走着会被自己一直摆脱不掉的消极想法所束缚，有一瞬间想要放弃一切，仿佛走在被雾气笼罩的阴暗沼泽之中，因为前方完全无法预见而感到绝望。你越来越沉重的脚步让肩膀也垂了下来，似乎选错了路的恐惧感向你袭来，你既没有办法回头，也没有办法再向前迈出一步，你只能用失去活力的眼神呆呆地望向天空。

将你所有的人生道路变得可怕的不是别的，正是你的想法。

其实这一切都是你消极的想法创造的虚妄的地狱而已，那令人毛骨悚然的阴暗沼泽也只存在于你幻想的世界之中。所以你现在要尝试着改变你的想法。

用清爽的风将弥漫的雾气驱散；用一条清澈见底的小河清除掉阴暗的沼泽，浸润你的双脚。

让无法得到满足并处在当下不幸中的你变成感恩生命并享受幸福的自己。

现在，遮挡住你灿烂光芒的所有乌云都已消失不见；现在，你要满怀感激之情走向你的幸福之路。

只要走错一步似乎就会坠落悬崖，双腿颤抖，怎么也迈不开脚步，这是之前的我，也是之前的你。但是从现在这一刻开始变得不一样了。

曾经皱着眉、苦着脸陷入负面情绪的你通过一个又一个积极的心理暗示变成了活力四射、充满正能量的自己。

思想上的改变使得你周围的氛围也发生了改变，所有的人和事都对你充满了善意，以前不可能的事情现在也变得轻而易举。

你用消极的想法看待生活，生活为了实现你的愿望，便会使你更加消极；你用积极的想法看待生活，生活为了实现你的愿望，便会使你更加积极。

你的生活是地狱还是天堂，只取决于你的决定和你脑海中的想法。

从现在开始你一定要幸福。因为你曾经很幸福，那么你现在也能过得幸福，自始至终能够阻碍你获得幸福的只有你自己。

无法对正处于痛苦中的你说出"加油"这两个字

我也曾经痛苦过，所以真的无法对正处于痛苦中的你，说出"加油"这两个字。

因为即使说了，你还是会感到很辛苦；即使说了，你还是会感到很痛苦。

所以我要对你说"没关系的"。

即使感到痛苦也没关系的。

你一定会在这个过程中学到一些东西，之后你就会把这份痛苦当作一件美好的礼物。

你一定要调整好心态，笑着去面对这份痛苦。

深陷痛苦绝望中的人们会拼命挣扎着，企图在这片痛苦中找到幸福的踪影；他们的内心更加迫切地想拥有幸福。

你的身体，你的心向你发出请求：去寻找幸福吧！

这只是暂时的痛苦，所以没关系的。

你会比那些没有经受过痛苦的人寻找到更大的幸福。

你经历了那些煎熬，有一天你会说"现在的我很幸福"。

没关系的，即使现在很痛苦也没关系的。

你一定要相信自己会更加幸福，从现在开始你一定要让自己笑着去面对那些痛苦。因为这就是你痛苦之所以存在的全部原因了。

有一瞬间我会觉得，就连问当下正处于痛苦中的你发生了什么事情都是很过分的。

我知道轻描淡写地对你说出"希望你加油"这句话，对处于痛苦中的你来说，不会给你带来任何的力量。

"没有关系的。经过当下的这份痛苦，你会得到成长。请一定要让自己笑着去尽情体验这份痛苦。"上面这些话，是我想对你说的。

尽情地去痛吧！不需要加油！不需要没有痛苦。有多少痛苦我们就经历多少痛苦，就这样你的身心将这些痛苦发泄了出来，只留下真实的自己。

就这样，你成为更真实的自己，之后收获到幸福就好。

真的，这样就可以了。

沉住气才能成大器

谁终将声震人间，必长久深自缄默。

谁终将点燃闪电，必长久如云漂泊。

——德国哲学家弗里德里希·威廉·尼采

沉住气，默默等待时机的到来，沉住气才能成大器。

如同行走在云间一般，当下令人抑郁的时光是一种人生考验，是为了了解你是否有资格成为云朵旁边的光芒，名为考验，实为礼物。

你一定要记住——为了实现很多东西，为了点燃闪电——要度过稍微疲惫和艰辛的时光。你只是暂时地徘徊在云间而已。

为了自己往后的人生，为了让自己变得更加坚忍，为了更好地获得幸福，为了变得更成熟，你必须要默默地挺过当下这些时光。

没关系的，真的没关系的。一直以来你都做得很好，你已经做得很好了。

虽然它会来得晚一些，虽然在这个过程中会有一些烦闷，但为了让自己成为更加美丽、更加帅气的存在，请去感谢当下遮住你光芒的云彩，请去感谢让你获得成长的人生礼物。

摆脱恐惧，守护自己

你根本不应该害怕任何人。如果一个人让另一个人害怕，原因就是害怕的人承认了前者的权力。

——德国作家赫尔曼·黑塞

了解恐惧的人有时会通过人类本能的奸诈和卑劣将某个在恐惧中瑟瑟发抖的人置于手心之中，尽情地去利用。

因此，在所有的关系中，没有比恐惧感更能降低自身价值的了，深陷其中的人会使自己臣服于某人，从而遭到毫无尊重的隐形利用与支配。

就这样陷入低自尊心的沼泽中，让自己遍体鳞伤。

当你需要不停地看某个人的眼色，当你为了让某个人满意而主动献出关怀，但这份纯粹却遭到无情的践踏。当你觉得自己的存在感已跌落到最低谷的时候，你的关怀并不是发自你的内心深处，你的微笑也并未包含温暖与真挚。

为了成为别人眼中的好人，你试图降低自己的自尊心，你失去了你本来的颜色和内涵。

你害怕别人讨厌你而战战兢兢地恐惧着，出于这虚无缥缈的恐惧而虚伪地挣扎着。

起初对方会对你的关切表示谢意，但后来随着你持续的关切，他们会将你所做的一切视为理所当然。你也会因为他们这种理所当然的想法而被随意地对待。这一切只是因为你所表达的关切不是发自你的内心，而是源于你因恐惧而不得不为之的顺从。

所以现在你要守护好你自己的价值。

不要让自己活在别人的眼里，而是按照自己的标准活在这个世界上。

用你真正的果决去拒绝那些言不由衷、那些勉强为之；用出自于你信念的内涵和与众不同的成熟；用你所散发出的高雅浓郁的香气；用你充满魄力的眼神摆脱掉这些利用与支配，建立起互相尊重的关系。

现在的你始终活在别人的眼睛里，而没有活出自我。

就这样，你好不容易形成的自我价值慢慢地、不知不觉地消失不见了。

你内心深处没有了原本应该存在的自己，因此生出了沉重的空虚感，你的整颗心都变得空荡荡的。真正的你就像握在手中的沙子一样倾泻而下，就这样你褪去了自己的颜色，丢失了自己的存在，徒留一片灰色。

起初你就是你，我就是我。不知不觉间我成了你眼中的我。

别人会怎么想我呢？在这种恐惧中，你战战兢兢、瑟瑟发抖着，任由过度的热情和迎合将你自己杀害。而你就这样失去了自己，让支配和利用你心中那份恐惧的人成了你的新主人。

不知不觉，起初的尊重不见了，你的关怀和亲切变得理所当然。这样你的自尊心开始被残忍践踏着。

到底是从哪里开始出错了呢？为什么人们向我提出要求的时候如此随便呢？为什么我的关怀和亲切成了理所当然的事情了呢？

其实这一切都源于你内心的恐惧，所以现在请不要再对某个人产生恐惧感了。

因为你并不是那种害怕某个人的，没有价值的存在啊。因为你是这个世界上独一无二的、美丽又帅气的存在啊。

不要去担心别人会怎么想你。无论他们怎么想你都没有关系，真的没有关系。请相信自己，守护好自己原本真实的模样。

就这样，用你的果敢守护好自己，并自在地生活在这个世界上。

不是期待着别人评价自己善良，而是发自内心地想帮忙，所以才给予别人发自肺腑的关切。

不要再因为担心别人会把自己当坏人而战战兢兢了，去用自己的标准界定是非吧。

不要再因为担心自己的拒绝会被人讨厌而变得犹豫不决了，你认为不行就拒绝，认为可以就答应他们的请求。

不要再让别人支配你所生活着的世界了。

你这一生所获得的价值和意义都会体现在你的身上。你有多珍视自己的自尊，你的光芒就会有多耀眼，你的颜色就会有多鲜艳，你存在的香气就会有多浓郁。

相对于恐惧，原本真实的你是如此珍贵又帅气啊。

请守护好你的颜色

我们的心是从什么时候开始变得如此冷漠呢？又是什么将它染成了灰色呢？

那被污染过的天空失去了原本的清新秀丽，在那片空荡荡的灰色里，空虚的雨水哗哗地倾泻而下。

就这样，只属于我们自身的颜色、个性，以及看待事物时所独有的观点都被这雨水抹去了踪影。

这时的我们如果不能守护好自己的话，我们将失去只属于我们自己的光芒与颜色。只能在这个褪成灰色的世界里如行尸走肉般地活着。

在世界所给予你的意义、世界所给予你的生活方式以及世界所给予你的价值中，你有好好地守护属于你自己的颜色吗？

你为了让别人满意，看着别人的眼色，背弃了真正的自己。你最终成为这个世界想让你成为的那个人，你自己的人生如同一出戏。

就这样，你真实的自己……甚至都没有得到过爱。就这样，你在黑暗的深渊中徘徊着，在受到伤害后痛苦着。

就连你都不曾察觉自己的颜色已经在不知不觉间消失不见了。就这样，你渐渐失去了自身独特的个性。因此你感到一股莫名其妙的空虚，我们如同机器般机械地过着每一天。

"太痛苦了。我不知道自己为什么要活着。我内心的某个角落好像被掏空了一样。"

就这样，你失去了活下去的理由和意义，陷入崩溃之中，最终，你倒了下去。

拜托你了。请相信你自己的颜色，请守护好它，请你好好地去珍惜和爱护这个世界上独一无二的、只代表着你的颜色。

你没有错，你只是有些与众不同而已。正因为如此，你才是更加美丽闪耀的你呀。

有这样一种人，相比于感到羞耻，他们堂堂正正地挺着胸膛，光明正大地珍惜和爱护着自己原本真实的颜色。

这种人的"与众不同"与其说是另类，不如说是散发着别样的魅力。

他们用这份魅力守护着自己，受到了世人的尊敬和爱戴。

他们和你的区别就是有没有好好珍惜和爱护着原本真实的自己。换句话说，就是有没有自尊感。

所以请好好珍惜和爱护只属于你的颜色吧。

你因为害怕遭到拒绝，也害怕拒绝别人，所以你将自己真实的样子隐藏起来，努力地去迎合着他人。到现在为止，你过得该有多么辛苦，又该承受多大的痛苦啊！

现在的你要在这世间的灰色中守护好自己，要好好珍惜和爱护那只属于你的颜色，要态度鲜明地去面对这个世界。这不是一件错误的事情，而是一种别样的魅力。就这样去被爱着，就这样去爱着他人。

如果神笔下的彩虹只有灰色，那么我们就不会感叹这彩虹有多么美丽。

赤橙黄绿青蓝紫，只有当这些颜色都汇聚在一起的时候，彩虹才是美丽的。

你原本的样子就已经足够美丽了。你为什么直到现在还不明白呢？

没关系。你正是为了明白这个，才经历了这些痛苦，才经历了令人崩溃的过程。

正是因为在空虚入骨的岁月里深深地长叹过，正是因为经历过这样的痛苦，所以你才会为了寻找转机而挣扎着做出改变。

没关系的，现在没事了。轻轻地拍一拍一直以来痛苦不已的你，告诉你，没关系，一切会好的。

现在的你不要再去否定原本真实的自己了，也不要再去迎合别人的标准。

你已经足够美丽了。你的光芒已经足够耀眼了。现在请守护好那只属于你的颜色。就这样，去爱你自己吧。

再拜托你一次

　　不管你当下正在经受着怎样的考验，你都会因此而变得更加强大。因为你所经受的所有痛苦都是为此而来的。

　　人心是奸诈懦弱的。如果我们的生活只有一帆风顺，那么我们就不会重视自己是否会得到成长。所以为了唤醒你那沉浸在惰性中的心，当下的痛苦便找到了你。

　　它此行的目的是告诉你，你还有很多路要走，你有资格去享受更大的幸福，你可以遇到更好的人。

　　经历这份痛苦后，你会得到成长，你会明白什么才是更美好的东西，什么才是真正的幸福。

　　即使感到痛苦也没有关系，真的没有关系。你正是通过现在这份名为"痛苦"的礼物而获得成长的。

　　所以请你一定要笑着去面对这份痛苦。

　　你的面容从因为不够成熟而愁容满面到因为得到成长而变得深沉。看问题时，你从停留在表面的肤浅思考到拥有深邃广阔的视角。为了将更美好的世界尽收眼底，我们只能经历这痛苦，只能默默地承受住这考验。

你拿着这被伪装成痛苦的礼物，就像拿着一个快要爆炸的定时炸弹，你想要尽快甩开这个危险，让自己能够快一些逃出去。

我想拜托当下有这种想法的你。为了让你能够获得成长，为了让你能够得到幸福，请你忍受这份痛苦。不要逃跑，也不要回避，请你面对它，并坚强地战胜它。

我不想拜托你去过那种安稳的人生——不用经历任何痛苦；即使面对痛苦，也能溜之大吉；你走的路不会有痛苦出现，悠然自得，好不安逸。即使感到痛苦也没有关系。通过经历这份痛苦，你一定会变得更加幸福。

请相信，现在让你备受压抑的痛苦是让你得到成长的礼物，会让你成为一个更加美好的存在。请怀着喜悦的心情，请一定要怀着喜悦的心情去尽情地感受这份痛苦。

你眼眸深邃，你的内心宽广又温暖，你所散发出的氛围本身就是无法用言语形容的极致的美丽。到此刻，你终于可以微笑着踏入这个此前无法踏入的、连看都不敢看的世界，得到那只为让你获得成长而来的名为"痛苦"的爱的抚慰。

再一次拜托你，那份名为"痛苦"的礼物，请你一定要怀着喜悦的心情去接受它。

请好好安慰自己

当朋友失恋的时候，你会轻轻拍着朋友，安慰他说："没有关系的。失恋是为了让你去遇见更好的人呀。"

当朋友失去了人生的意义而彷徨无措的时候，你会对朋友说："没有关系的。现在的彷徨能让你找到真正的梦想。所以不要过于急躁，好好享受当下吧。这不就是人生吗？"你一边这样说着，一边为他加油打气。

当朋友找你诉苦的时候，你会挤出时间听他倾诉，倒上一杯酒，陪他度过这段难熬的日子。

但是你自己情绪崩溃的时候呢？

当你失恋的时候，你不吃不喝，哭着埋怨自己。你可能会彷徨无措，长吁短叹，紧握着双拳："我这种人，到底为什么要活着啊？"你总是用这种方式责备自己，让自己变得更加疲惫、更加痛苦。

当你感到很疲惫的时候，多么希望能有个人，哪怕出现一瞬间也好，希望那个人为了让你充满力量，为了让你得到安慰而一直陪伴着你、照顾着你啊——但从来都没有人这么做过。

所以现在，当你再感到疲惫的时候，请你好好安慰自己。

一个人去看一场电影，美美地饱餐一顿，翻一翻能带给你安慰的书，听一听音乐，睡一个香甜的午觉，对着镜子里的自己笑一笑……告诉自己"没有关系的"。

当你真的感到很累的时候，你所能够依靠的，并不是别人短暂的怀抱。从现在开始，为了能够成为你自己永远可以停泊的港湾，请你好好安慰自己。

尽管"没有关系"这句话很容易对别人说出口，但是对着自己却非常难以启齿。

就这样，你的那颗疮痍满目的心变得更加千疮百孔，你让内心的伤口不断地扩大，不断地复发。就这样一直纠缠着，逼迫着你的内心。

经历了那些痛苦的时光，所以你的心哀求你休息一下。但你并没有听从你内心的声音，你甚至不允许自己的心有片刻的喘息。

你在自责和羞愧的沼泽里挣扎着。你的心在深渊里、在令人窒息的孤独中被内疚和后悔所折磨着。

现在请告诉自己："没有关系的，即便处于当下这种状况也没有关系的。"

曾经给予别人安慰的你，如今也在安慰着自己。

曾经等待着别人安慰自己，如今自己成了可以治愈自己的温暖港湾。为了成为这样的你，请安慰自己："没关系的，即使我处于痛苦之中也没有关系的。"

不要煞费苦心

　　查尔斯·布可夫斯基[1]有句遗言，同时也是刻在他墓碑上的话——不要煞费苦心。

　　成为无须煞费苦心的人，做无须煞费苦心的事情，这很重要。

　　所谓的不勉强是说无须煞费苦心勉强自己，你会因为很喜欢而去见某个人，而去做某件事。

　　虽然沉默的空气太过尴尬，但还是会存在那么一个人，让你即使不勉强自己开口社交也丝毫不会感到不自在。

　　还是会存在那么一些事情，不需要你喝着咖啡，绞尽脑汁地去想；不需要你承受着压力，勉强自己去做。你做这件事情只是因为你喜欢做这件事情，做这件事情会让自己感到欢喜、感到雀跃罢了。

[1] 查尔斯·布可夫斯基：Charles Bukowski，1920—1994，20 世纪美国最有影响力的诗人、小说家之一。

如果那样的人就站在你的面前，如果那样的事情正等待着你去做，那么请你一定要好好珍惜，不要轻易错过。

因为这就叫作"命运"。出现在你面前的就是命运般的相遇，还有命运般的事情。

偶尔，当你的生活纷繁复杂，请对你当下的生活说："不要煞费苦心。"

因为就算你不煞费苦心，太阳依然会照常升起，生活依然会继续下去。

你现在所经受的考验和挫折，归根结底是因为命运尚未到达成熟的时机，因为这个考验是需要你去经受的。

生活所馈赠于你的一切，从来都是你所需要的，只会对你有益无害。

现在为了让你学会谦逊，为了让你稳稳地获得下一个成功，当下的失败是你必须去经历的。

不需要你煞费苦心，不需要你去勉强自己。如果是命中注定，你们即使兜兜转转也终会相遇；如果是命中注定，就算不用煞费苦心你也能完成自己想完成的事情。

正是因为你们有缘无分，所以那个人、那件事放开了你的手，离开了你的世界。

时间的长河激流奔腾，无人能够阻挡，试图抵抗时间和命运的你，该有多么辛苦啊？你又该经受多大的痛苦，遭多大的罪啊？

所以说，不要太煞费苦心。从现在开始，未来也是。

你曾经想努力抓紧那奔向自己的、无情的激流——砰砰——那么痛，你因此而受伤的双腿瑟瑟发抖。你已经煞费苦心到了如此的地步，但那些人和那些事最终还是离开了你。

对此，你无能为力。

请告诉那个被命运的激流淋湿全身，却无能为力、正在瑟瑟发抖的自己："没关系的。现在的我明白了，为了让自己遇见更好的人，为了让自己迎来更好的事情，那些原本就该让它结束的事情已经结束了。既是如此，就随它们去吧。没有关系的，真的没有关系。"

就那样聆听他们的故事

如果当下那些过得很辛苦的人们要向你敞开心扉诉说些什么的话，你不需要回应些什么，只需要聆听就好。

我认为对正在经历痛苦的人来说，最残忍的东西就是别人对他们的随意评判。

请你就那样看着他们的眼睛，聆听着他们的故事，安慰着他们就好。

与其对他们说"加油啊"，倒不如对他们说"很辛苦吧"，然后再紧紧地抱住他们。

不要将他人的痛苦定义为懦弱，不要用"才这种程度就觉得辛苦啊"的语气去轻视某个人的艰辛。

就那样去聆听他们的故事就好。

对于深陷痛苦之中的人来说，他们最需要的不是什么忠告，也不是什么安慰，而是你用心去聆听他们的故事，用你的怀抱去温暖他们。他们需要的，仅此而已。

真正的陪伴

虽然你经常跟某个人待在一起，但内心深处的某个角落还是充满了孤独与寂寞。这是由你们之间缺乏真诚的同理心造成的。

虽然你在跟某个人面对面地聊天，但对方心不在焉，看似在认真听你说话，心里却在想其他的事情，又或者在脑海中准备着自己接下来要说的话。这是因为双方的注意力并没有放在彼此的身上。

这种同理心和注意力的缺失使得两个人即使在一起，也依旧会深觉孤单。这让我们的内心感到百般寂寞，无比孤独。

所以，现在请真诚地去聆听对方吧。

请竖起耳朵，注视着对方美丽的眼睛，努力去读懂对方的每一个表情和每一句话中所包含的情绪。

你的这份聆听的态度会将他们从空虚中拯救出来，让他们得到安慰，让他们的内心再次充盈起来。

如果说现在的你正陪伴在某个人的身边，请将你的心集中在对方的身上。

能够跟对方产生同理心和能够将注意力放在对方身上的人才会成为对方人生中唯一深刻的存在，才会走进对方的内心，真正地安慰到对方。

如果你先用一颗真心待人的话，那么珍惜你、尊重你的对方也会竭尽全力报答你的这份真心，也会真心实意地对待你。

在浮于表面的关系之中，因为有了彼此用真心制成的纽带，大家就可以冲破人与人之间的隔阂，从而成为一体。

有开心的事情大家一起开心，有悲伤的事情大家一起悲伤。虽然说起来很简单，但现实生活中却又很罕见。因为要有真诚的同理心才会让这一切发生。

单单有这样一个存在就能给予我们莫大的安慰与依靠，让我们得以摆脱掉曾经孑然一身的孤寂，在对方的陪伴下获得一种丰盈感，并以此来填满自己的人生。

现在请你从"即使有人陪伴，也依旧深觉寂寞"的悖论中，从这种冷漠与孤独中抽身而出。将包含自己真心的同理心和注意力化作一抹暖意，真正地陪伴着彼此吧。

无论何时，身边总有人围绕着。但即使这样，偶尔也会感到凄凉，会彻底陷入独自一人的悲伤中。那悲伤的泪水和承受不住的沉重忧郁使我两股战战、提心吊胆地活着，冰冷又孤独。这是我曾经的人生。

但是，我现在懂得了要从自己做起，让自己变得温暖；

要从自己做起，用真心去交换真心。

在某个时刻，我们需要将自己的注意力集中在对方身上，我们需要拥有真诚的同理心。

就这样，我们开始成为紧密相连的一体。让那个"即使有人陪伴，也依旧深觉寂寞"的悖论所散发出的凄凉孤独被这样的温暖所融化，从现在开始用满满的真心去对待彼此。

我对面有一个会认真聆听我说话的人，我会认真聆听对面的人说的那些关于他的故事。

这个令人感到安心的事实让我们孤独的人生得到了安慰，变得丰盈起来。

我们当下真正需要的，不是沉溺于将自己装扮得光鲜亮丽，不是无数句毫无营养的对谈，也不是围绕着自己的无数冷漠又无谓的陪伴。我们真正需要的，仅仅是一个温暖而又真诚的存在。

从评判的云朵到理解的光

　　在某些瞬间，你会用自己的标准去评判某个人。你会忽然觉得这个人是这样的，那个人是那样的。在这个过程中你只能看到你所了解的。也就是说，你评判他人的标准，归根结底只是你内在的一种倾向而已。所以你一定要记住：其实在别人的心里有着很多你不曾见到过的一面。所以有时候你的评判很可能完全是个误解，无论什么时候你都需要有一颗能够承认这一点的谦逊之心。

　　你只会按照自己的喜好去评判他人，因此你永远不会完全了解这个人的一切。所以在很多时候，你对他人的评判只是基于自己的傲慢而已。

　　我认为，在你想要评判一个人的时候，其实是让你有机会认识到自己内心视野的局限，而不是单纯地让你随意评判他人。

　　每个人都有自己的过去，都曾受过伤，经历过各种各样的事情，人生海海，起起伏伏。你仅凭你眼前的简短的一个章节就去评判他人人生的一整部长篇故事，肆意践踏别人的人生，你的傲慢是何等浅薄，又是何等的不成熟啊！

所以现在请放下你的傲慢，放弃用你狭隘的标准去评判他人。

每当你想评判别人的时候，真正变得丑陋的不是你所评判的那个人，而是你的心啊。就把这个过程当作一次可以深刻审视自己内在的机会吧。

今天一天，就像你对他人抱有负面看法一样，你也从生活那里收到了礼物——要学会成长的课题。

你说你是因为这样才不喜欢这个人的。看到了这一面的你同时也看到了你身上同样的缺点，这是来自成长的一份礼物，让你知道了自己的不足之处，从而变得更加谦逊，心胸更加宽广，越来越有内涵、越来越温暖、越来越亲切。

看着他人的不足之处，肆意地用自己的标准去评判他人。最终受伤的不仅仅是原本如此美好的他们，更是你那温暖美丽的心灵。

在生活中积累的那些虚假的信念就像遮住太阳的云彩一样，一朵两朵地堆积着，失去了爱的光芒。你不再是真实的自己，你用你不真实的样子评判着这个世界。

当你每次突然产生评判之心时，请把堆积在你心中的那些厚厚的灰色云彩收拾起来。请找回你那曾经温暖、柔和而又美丽的光芒。

你的傲慢会夺走你的纯真，并因此伤害到别人，伤害到你自己。

就这样，你失去了你原本的光芒，围绕着你的是如此黑暗和令人窒息的云彩，你失去了真正的自己，给别人造成了伤害。凡此种种，你的负罪感让你心存愧疚。你的内心在恐惧中瑟瑟发抖，它等待着你学会成长。

现在请把遮住你本来纯粹模样的那傲慢的云彩，用名为"理解"的深沉而又温暖的光芒驱散开来吧，从而找回真正的自己。在被那温暖的光芒融化掉的评判和被抹掉的谎言之上写下新的名为"理解"的爱语。

现在我们才明白，当下这个世界已经足够美好了。谁也没有资格随意地去评判，随意地去破坏掉这份美好。

因为成长，所以完美

如果说我们活在这个世界上不是为了拥有什么东西，也不是为了成为什么样的人，而只是为了获得成长的话，那么我们的人生就是完美的，就不会有失败。

我们通过当下的考验和痛苦不断地获得成长，从而实现我们此生而来的唯一目的。

就算经历痛苦也没有关系。即使会有一些悲伤，即使有时会犹豫不决，即使会因为害怕而踟蹰不前也没有关系，真的没有关系。

我们登上成长这座山，不管到达哪个高度，都会有美丽的风景等待着我们。

低处自有低处的繁花似锦，高处自有高处的万紫千红。

所以在各自的位置上所看到的风景其实都有着"各自"无可比拟的美丽。

现在有正在向着山顶攀登的人，有距离山顶只有一步之遥的人，也有已经把旗子插到山顶上后、转头下山的人。虽然在这座山的其他地方同样也有着无数的人，但这并不重要，重要的是我们已经踏进了这座名为"成长"的山。

当你看到有人走在你的前面时，不需要感到自卑。遥遥领先的人看到才开始登山的人时也不用因为自己领先他人而洋洋得意。

大家都在这条成长的路上攀登着。你在你的道路上收获着只属于你的成长，我在我的道路上收获着只属于我的成长。

大家领略着同样的风景，得到的感受却各不相同，得到的成长也各不相同。

不论你身处在山的哪个高度都没有关系，你正在完成着你的成长课题，我也正在完成着我的成长课题。

没关系，真的没关系。你只需要仔细欣赏你当下所处位置上的风景，体会这风景所带给你的美丽、知识、体验与成长就好。

你正行走在只属于你的旅途中，向着只属于你的顶峰攀登着，清晰的前进方向本身就已经是最好的礼物和最美丽的风景了。

我们通过各自不同的人生经历收获了各自不同的人生意义与价值，大家都在努力地让自己成长起来。所以，我们大家每个人的人生本身就已经很完美了。

为了成长而生的我们，显然暂时忘记了这个目的而错误地去追求了其他的东西。

即使是这样也没有关系，因为这些错误所带来的痛苦可以让我们重新记起我们真正的目的，是它引导我们记住我们存在的理由——成长。

真的没有关系。所有的事情、所有的状况、所有的考验、所有的条件……不管是什么进入你的生命中，你都一定会因此而获得成长。

完成只属于你的成长之路是你唯一应该追求的人生目的。

无论在人生中的哪一时刻，无论在生命旅程中的哪个地方，这份成长会让你、让我、让我们本身成为一个完美的存在。

有时候会感觉好像有人领先于我们，感觉自己被人远远甩在了后面。

当我们在羡慕、嫉妒那些距离山顶只有一步之遥的人而内心变得急躁不安的时候，所有的一切好像都崩塌了一般，我们伤心不已，痛苦万分，担心自己是否还能够追赶得上前方的人。

但是我们每个人都有属于自己的旅途，我们在旅途中的每一步都代表着我们自身的存在、我们人生的意义和价值。

你沉溺于和别人一决高下，而无暇欣赏身边的风景——绿树在微风中轻轻摇曳，盛开的万紫千红在向你展露笑颜；你沉溺于和别人一决高下，而无暇倾听身边的声音——鸟鸣声、朝你吹来的风声，还有你的脚与地面的亲吻声。

你拥有只有你才能看到的风景和只有你才能听到的声音，这其中有着只有你才能赋予的意义和价值。

当下朝着只属于你的顶峰前进的每一步都把只属于你的旅途染上了只属于你的颜色。总有一天你会登上那只属于你的顶峰，在那里回忆起过往。登顶的过程将会成为世界上最美好的礼物。

现在稍微落后一点儿也没关系，真的没关系。

感性的人

　　理性的人总是在计算着什么，总是能够快速分清自己需要什么、不需要什么，总是懂得根据条件和情况而做出行动。比起这样理性的人，我更喜欢感性的人。

　　他们能够聆听我的痛苦，能够理解我，给予我安慰，而不是冰冷的算计。比起目的和成就，他们是一群更看重过程和方向的人。

　　就这样，他们独有的鲜明性格与色彩成就了他们自己独特的魅力，周身散发着只属于他们自己的温暖气场。

　　他们不会为了自己的欲望和渴望获得理解而去与别人建立一层表面的关系。和某个人在一起的时候，他们会聆听对方的故事，感受对方的痛苦，会理解和拥抱对方。

　　他们不想做夜空里繁星中的一颗，而想成为那唯一的月亮，闪耀着光芒，照亮这个因缺乏共鸣而变得孤独黑暗的世界。

比起关注对方的外表，他们更想看透对方的内心。他们也明白当对方疲惫不堪的时候，真正需要的只是聆听而已。所以他们会用真诚的倾听让孤独空虚的人再次充满力量。

有些人会因为喋喋不休的唠叨和毫无意义的闲聊使得他们自己的内心变得空虚，但是他们却不知道自己为何会感到空虚，只能一味地沉溺于让自己变得更加空虚的世俗价值当中。

虽然隐约感觉自己似乎出现了什么问题，但他们却还是选择了再次逃避。

重新开始装饰自己的外在，这只会让自己的内心变得更为空虚而已。

这份空虚令人备受折磨。虽然有些人试图用喋喋不休的唠叨，用美食、华服、豪华的房子和昂贵的车去装饰自己的生活，最终却陷入了越装饰越空虚的怪圈当中。

而感性的人却不同——他们不会试图通过说别人闲话这种错误的方式来安抚自己空虚的内心，而是用深深的沉默与宁静守住自己的内心。与其将外表装饰得异常华丽，不如彻底领悟到这些病态的思想所带来的都是些没有意义和价值的东西。他们明白只要自己的内心健康无虞，那么自己也会变得丰足幸福，于是他们踏上了寻找自身价值和意义的漫长人生旅途。

就这样，你整个人散发着深邃、广博而又柔和的气息，你用这种魅力吸引人们来到了你的身边，放下他们因为压力和内心的局限所产生的警惕之心。在这样的世界里，无论什么，只要你下定决心就能够轻松实现。

生活在这个世界里的你，生活在你生活的这个世界里，你的自由是如此真实。

你不是因为害怕孤独而需要有个人陪在自己身边，而是那些人恳切地祈求你这样做，你是他们的不二人选。你深邃的目光和暖心的倾听总是令人渴望的。

你真心待人，别人也会真心待你。

粗暴残忍的人对你来说是一个脆弱的存在；冷漠无情的人在你的面前也会流下泪水；嫉妒心和竞争心很强，并一直活在算计中的人会跟你分享自己的状况，并真心希望你能够取得成功。

优秀的人、异常冷静的人、温暖的人、有威望的人、有魅力的人、自己喜欢的人、受人尊敬的人、对自己意义非凡的恩人……就这样，感性的人其存在本身对别人来说就是一件珍宝。

他们能够驱散那无尽的黑暗，如同那闪烁着光芒的皎洁明月，倾听和抚慰了很多人的痛苦。他们就是这样如此珍贵的存在，是万千虚伪中唯一的真心、唯一的安慰。

他们能够透过外表的虚假而直面人们的内心，并伸出双手，使得无法说出真正想法的人们袒露自己的真心，摘下他们的面具进行灵魂层面上的沟通，使他们露出隐藏在内心最深处的坦诚。

这种毫无目的性的存在使你天生就拥有一种吸引人的真正魅力。

当下面临的考验如同大雾一般锁住了去路，跌跌撞撞、跟跟跄跄的我不知道自己正在走向何方。我的脚步沉闷而又茫然，我的前路灰蒙蒙一片。

没关系的，即使你感到很痛苦、疲惫不堪，即使是这样也没关系的。这是你必须要经历的痛苦，这是你必须要承受的痛苦。

为了让你意识到你失去了只属于你自己的感性，为了让你下定决心重新找回只属于你自己的颜色、只属于你的香气，你必须咬牙挺过这段痛苦的时光。

所以请尽情地去体验这份痛苦吧。让自己再痛一点儿，再痛一点儿。

就这样将堆积的痛苦、虚伪态度下的冰冷灰色全部倾泻而出。剩下的，就只有真正的你和你的感性。

从冷血自私到暖心关怀，从狭隘的思维方式所造就的判断和偏见的沼泽到广阔的空间所带来的充满自由和理解的蓝天，从毫无营养的对话所带来的空虚到直达内心的对话所带来的缜密充盈，从因不断装扮而变得岌岌可危的虚假的自己到原原本本真实的自己……为了顺利达成这种转变，你一定要经历当下的痛苦，去感受这细密而又极度空虚的孤独。

空虚所带来的痛苦是你的内心发射的红色信号，你的内心希望你能够找回真正的自己。又因为你感受到了这份痛苦，所以你开始寻找真正的你。

所以你只能去经历这痛苦，所以即使你感到痛苦也没有关系。

现在请你咬牙挺过当前的痛苦，去寻回自己真正的模样。

为此在当下自己必须经历的痛苦面前，请你不要轰然崩溃，轻易就倒下。

请咬紧牙关坚持着，努力承受着，去找回那些你曾失去的感性，找回被这个世界夺走的自由。以你自己的步调过一种自在的生活。

衷心地希望正生活在当下这个世界上的你不再是灰色的奴隶，而成为这个世界多彩的主人，成为真正幸福的自己。

真正的帅气

　　你觉得自己长得不够高大、不够漂亮，你觉得自己的家境不如其他的人，你觉得自己不够优秀……这些想法束缚着你，让你感到自卑，使你感到渺小，你深陷其中，感到既痛苦又彷徨。

　　请相信我。

　　即使你被这些浅薄的观念所束缚，让你自我感觉格外渺小，但事实上，你很帅气、很漂亮、很优秀，你已经足够美好了。

　　我们这一生所追求的真正的帅气不就来自于我们的内在美吗？

　　那短暂散发出光芒后便消失无踪的虚假欲望所带来的，只会是虚伪的人所表现出的虚伪的尊敬和虚伪的奉承。

　　人们总是用物质这种没有价值的东西将自己装扮得光鲜亮丽。这时如果外在的物质贫乏，那么就会使自己的存在感降低许多。我们的人生也会因为无法表露真心而在空虚中瑟瑟发抖、苦苦挣扎，你不是也知道那会有多么孤独、多么悲惨吗？

即使这样，你还是要昂首迈进那个世界吗？

好好倾听一下你内心的声音吧。好好倾听一下那向你发出的恳切的疾呼吧。

当你不去追求那代表着真正幸福的人生价值时，你的心因空虚而痛苦万分。它一直在说："现在请你为了自己真正的幸福而活着吧。"

真正的幸福不是去依赖外在，使你的人生起伏不定，而是无论因为怎样的外在都不会让你左右摇摆。让这种自由成为可能的只有你内在高贵的品格——拥有自尊心，去珍惜并热爱原本真实的自己。

内心坚定的人拥有着从容深邃的眼神，以及从那份从容中所流露出的亲切又真实的微笑。如果你拥有这样的眼睛和笑容，以及节俭的生活态度，即使你一无所有、衣衫褴褛，那么你也一定会成为大家都争相结交的对象。

特蕾莎修女、甘地，以及很多其他伟大的人们之所以能够得到人们真诚的尊重和爱戴，能够打动我们的内心，能够发挥他们善良的影响力，不是因为他们的外貌或者他们所拥有的东西，而是他们以得到成长为目的在生活中使自己的内在获得了完整；是他们深刻的人生态度——时刻用自己的一颗真心满含爱意地生活下去，感染和鼓舞了无数人；是他们内在的美好吸引到了人们的爱戴和尊敬。

能给人们的内心带来深深的感动，能用爱去抚慰并治愈人们内心的伤痛，能给人们的生活方式和价值观带来温暖的变化的，不是毫无真心可言的外在物质，而是那满腔真诚的生活态度。

于是，他们成了一个个伟大的人。

请找回这段时间被你视而不见的真正的帅气吧。

闭上你那一直追逐外在华丽的眼睛，睁开眼睛看看这个世界上真正的美丽吧。

当一切都成为过去，当乾坤倒转、斗转星移，你唯一所能拥有的就只有你的内心，只有你在这个世上得到成长的生活方式。

请不要再沉溺于那些世俗的价值观了。

请你找回你内在的真正帅气。你那散发着真诚的人生香气会荡漾在许多人的心中。去用你本身存在的魅力获得尊敬，去过那种美好的生活吧。

希望你能找回自己曾被这个世界夺走的幸福和自由。希望你能坚定无比地让自己获得幸福。

我衷心地希望你能够找回你曾经真正的帅气。

虽然这个世界一直在告诉你，要成为一个成功的人；但我却想和你说，要成为一个美好的人。

虽然这个世界告诉你，真正的成功是名利双收；但我却希望你能够领悟到那些被你忽略的珍贵价值和意义，过上能够让自己成长起来的人生，去收获那些坚实和永恒的幸福。

虽然这个世界一直在诟病你平凡、不完美；但我想对你说，现在的你已经足够漂亮或帅气了，你原本真实的样子已经足够美好和惹人喜爱了。

虽然世界一直告诉你不要倒下，但我想对你说，即使倒下也没有关系，因为你虽然倒了下去，却也会因此收获幸福。

你要过怎样的生活，由你自己做出选择。

去认真倾听你内心的声音吧，因为你的内心早已做出了抉择。

无论你选择去过怎样的人生，你都会在自己所选的人生里感受着、学习着，你都会因此而完成自己的成长课题。

总有一天你会找回你真正的帅气，过上美好的生活，获得幸福。

没关系的，没关系呀。真的，一定会没关系的。

深度

　　痛苦和考验的波浪朝你汹涌而至，将你认真铸造的沙之王国吞噬。在一切都消失得无影无踪的那一刻，你就那样被击垮，倒了下去。

　　你，又痛苦又疲惫吧？

　　砰砰——当生活的浪潮将一切变得面目全非的时候，你的胸口闷闷的，眼泪夺眶而出。你毫无头绪地想着，现在该怎么活下去呢？我又该如何生活呢？现在我要做些什么呢？你就像那塌陷的沙城一般，就这样散落在了这波浪之上，就这样一粒沙变成了波浪的一部分。

　　这段时间，虽然你被击垮，就那样倒了下去；虽然之前的生活变得疮痍满目、支离破碎；但现在的你却与宽阔而又幽深的波浪融为一体，过着与之前截然不同的生活。

　　这样就可以了。

　　你知晓了波浪的高度，也明白了人生的深度，就这样你的人生正在变得越来越有深度。

没关系，真的没关系。

你曾经对别人的痛苦不屑一顾，但现在支离破碎的你，因为当下降临到自己身上的这份痛苦，开始从那个时候的浅薄无知中跳了出来；开始用你的真心去共情，用你发自内心的理解、如炬的眼神去洞察他人的痛苦，去理解他人的痛苦。

那被烈日加热过的深深的波浪，它的温暖使你能够去拥抱和理解它的高度。

你散发出的温暖以及你的暖心安慰就那样融入了他人的内心之中，带给他们鼓励和拥抱。

你现在痛苦万分，被现实击倒，支离破碎；你现在孤独至极，却没有人给予你安慰，与你共情。你所经历的一切让你开始反省这段时间自己的行为，以及对待他人痛苦的不屑心态。这让你开始想成为一个更有深度的存在，能够更好地去理解他们。

所以你才会感到痛苦，所以你才会支离破碎，所以你才会被如此残酷地击倒在地。

这是为了把他人的痛苦容纳进更有深度的自己之中，为了让自己成为那广阔而又深邃的大海。

那些曾经与你打过交道的人看着你变得越来越有深度，他们和你说："以前不知道原来你是这么棒的一个人呢。和别人聊的时候没有感觉出来，但和你聊天真的让我感到很温暖，人好像也变得沉稳了许多。将来再感到很辛苦的时候还可以找你聊天吗？"

就这样，你对别人来说成了一个可以依靠的存在，能够放下偏见去拥抱他人、尊重每个人的不同，能够实实在在地跟他们共情，能够给予他们真正的理解和安慰的存在。

曾经的你紧盯着别人的缺点，习惯在他人背后指指点点。现在的你会说："即使这个人有着这样的缺点，但不是也有着那样的优点吗？"就这样，你成了一个能够看到别人优点的人，成了一个能够带给别人力量的人。

曾经的你会因为别人的失误而火冒三丈，极尽苛责之言语，打击他们的积极性。现在的你会说："出现这种失误很正常。吸取教训，下次不要再犯就好。""哪有人一开始就能做得很好呢？你第一次就能做到如此程度已经很厉害了。""我们生而为人，是人就会犯错，我们当下也要好好努力，期待着自己能够成长起来啊。"你这样鼓励着他们。

就这样，你变成了一个越来越有深度的存在。

为了成为与别人相比更加与众不同的存在，为了成为与别人相比更加温暖的存在，为了成为与别人相比更加宽广的存在，为了成为与别人相比更加有内涵的存在……为了成为这一切，你不得不倒下。这，真的就是全部了。

你所经历的苦痛不是为了让你感到失望，不是为了让你否定自己，不是为了向你展示这世间的苦，而是希望你能够成为这世上为数不多散发着光芒的"别样"的存在。

因为这个希望，海浪才会将疲惫不堪的你拥入怀中。才会把你击垮。

会有那种时刻：你精心筑起的沙城被海浪卷走，轰然倒塌。这个时候，心碎的你切身体会到了什么是"绝望"。

这一瞬间你化身一粒小小的沙，成了这蔚蓝大海的一部分。你变得更加谦逊、更加有深度。

现在，就是这一瞬间的你呀。

所以，即使你现在感到痛苦万分也没有关系，真的没有关系。

让"你的一天"的花朵尽情地绽放

你今天一整天也过得很辛苦吧？轻轻地拍拍你，真的是很辛苦的一天啊。

有过各种各样的失误，也因为这些失误，别人看我的眼神都变得冰冷。

真是又痛苦又受伤的一天啊。

没有人关心我这一天过得有多压抑，大家彼此敷衍着，维持着表面的情谊。

所以辛苦了，真的辛苦你了。

尽管磕磕绊绊，但你还是坚持到了今天，也正是因为这段经历才让你获得了成长。

你看着别人痛苦的模样，担心自己无法共情而做出不恰当的反应，使得对方的心情变得更加糟糕，但你不是也尽最大努力去聆听他们的故事、去安慰他们了吗？

你已经做得很好了。谢谢你把今天一天过得如此充实。

虽然你感到很辛苦，疲惫不堪，但只要听到有人夸你做得很好，就足够你高兴一整天了。

还有，谢谢你没有选择逃跑。

面对突如其来的恐惧，你不敢什么都不做。虽然你担心自己会因为再次出现失误而受到诘难，虽然你害怕自己会在这冰冷的人际关系中受到伤害，虽然你真的很想从如此令人心累的一天中逃脱出去……

尽管如此，还是感谢你鼓起勇气熬过了这一天。

请轻轻地抱抱自己，对自己说："今天真的辛苦你了。"这安慰会带给我们力量，让我们能够向着前方再走远一些；会让我们充满活力，去迎接崭新的一天；会让我们充满幸福，去等待明天清晨的到来。

在好好安慰自己之后，你找回了自己那曾枯萎了的活力，也找回了自己那曾散发着光彩的脸庞；找回了自己那曾消失了的光芒，也找回了那曾充满了自信的自己。为了让以后的每一天都充满心动与幸福，我们就咬牙再往前方走一步吧。

我们好像经常被同样的生活所束缚，无聊透顶的生活日复一日、年复一年。所以你在某一天好想逃脱出去，换个不一样的活法。为了让这一天充满活力和期待，我们就咬牙再往前走一步吧，让我们尝试用另一种视角去观察这一天。

这朵名为"你的一天"的花一向如同死水般波澜不惊，为了使它变得美丽多姿一些，为了让你体会到幸福的滋味，从现在开始去改变你对这个世界的看法。

回家的路上，都市霓虹灯闪烁着辉煌灿烂的光芒，车来车往，车灯忽明忽暗，路上的行人熙熙攘攘，好不热闹。

在这一片光明中，只有我独自一人徘徊在黑暗里。我迈出的每一步都是如此沉重、孤独，又寂寞。

我的嘴里不时发出空虚的叹气声，掺杂着内心的疾呼和身处痛苦之中的颤抖。

没有关系，从现在开始请相信我所说的话。

你在日复一日的生活中找寻不到人生的意义，这朵名为"你的一天"的花也因此而凋零破败。

所以你这一天充满了灰色的空虚感，漆黑一片吧？

但是这个世界上没有一模一样的日复一日啊，所以这个世界上既不存在灰色的世界，也不存在没有意义的黑色。请你静静地欣赏一下这朵名为"你的一天"的花吧。

在同一地点盛开的有着别样体验的红色心跳，随着不同经历而变化的绿色的美好成长，因这美好而发出金闪闪的光芒的这个辉煌的世界。

只被你所感受到的某个人特别的感情，浸透着粉红色；即使面临考验，也不再动摇的蓝色的自尊心；有时游走在坍塌的灰色和黑色之间，变得更有深度的你的内心。你的色彩因你的内心而散发出截然不同的魅力——更加浓郁，更加鲜明。

熊熊燃烧的紫色热情和代表失败的紫色痛苦，你通过这份名为"失败"的人生礼物得到了更多的成长。

请相信我吧。

需要改变的不是这朵名为"你的一天"的盛放的花，而是无法欣赏这美丽花朵的你那枯萎的心。

应该改变的不是这个美好的世界，而是无法看到它的美好的你的心罢了，仅此而已。

当你的心态发生了改变，那么你眼中的世界也会随之发生改变。

这是让这朵名为"你的一天"的花美丽绽放的唯一方法。

所以为了学会这些，你必须经受这种日复一日的毫无波澜的生活。就这样，你来到了迫切需要你做出改变的现在。

现在请尽全力去体验这一天的所有颜色和经历吧。那从同一个地方吹来的风所带来的不尽相同的温度和香气，那微妙的变化，还有给予你的与众不同的一天。

在所有的一天当中感受着这份与众不同。在这经历中找寻到各自的意义。因为这会让这朵名为"你的一天"的花盛开得更加多姿多彩。

所谓成长

所谓成长，是明白与其关注他人的外表，不如去寻找他人的内在美好。

是明白与其紧盯着某个人的缺点不放，不如去欣赏这个人原本真实的天真烂漫，用这种态度去鼓舞对方。

是明白与其将注意力放在那些外在的事物上，不如将那些无形的珍贵铭刻在心，并以此使自己的内心变得更加完整。

是明白人生的意义在于成长，比结果更美的是过程。

是明白与其出卖自己的灵魂去获得那些浮于表面的虚假利益，不如去做真正有益的事情。虽肉眼不可见，但你的灵魂却因此得到了救赎。

是明白我们来到这个世界上不是为获得成功，而是为了让自己得到成长，全心全意去度过上天赐予我们的每一个瞬间，热忱又真挚。

是余生无论发生什么样的事情，我们都明白在这其中必定隐藏着能使自己成长的意义，并用感恩的心去度过我们接下来的人生。

成长是拥有泰山崩于前而色不变的平和宁静的品格。

是我们在自己每时每刻的人生中都努力选择让自己不断地获得成长。

是比起狭隘的怨恨而去选择宽恕，是比起紧皱眉头而去选择展现亲切的微笑，是比起只为得到结果的功利而去选择注重过程的真挚，是比起那毫无诚意的虚假而选择去做一个真诚的人。

甚至是反省自己某些细微之处不曾包含爱意，然后努力地去成就一段真挚的爱情。

是就那样真实地活下去。

是当我们在面临着人生所有瞬间的时候，怀着兴奋的心情选择让自己成长的态度。

是就这样让我们成为真实的自己，用神圣的艺术将自己本身的存在重新塑造成无与伦比的美丽。

是让自己变得真实。

与其和他人相比较，更愿意将昨天的自己和今天的自己相比较，每天都怀着期待的心情向着前方迈进。

是与其粉饰过程以取得好的结果，更愿意不再执着于结果，而使过程变得更加美好。

是摆脱掉捆缚着自己的压力，找回充裕的闲暇时光，并因此真正变得幸福。

是明白人心比任何事情都要重要，用自己的一颗真心走进他人的内心，安慰他们，鼓舞他们。

是明白我们都是平凡的人。并且，既然是人，便人无完人。

因为我们不完美，所以才会出生在这个世界之上，把获得成长作为自己此生的目的。因为我们原本就已经如此美好靓丽了，所以无论是面对我们自己的失误，还是他人的失误，与其苛责，不如选择一笑而过。

是明白上天并没有赐予我们评判他人的权力，我们要用一颗谦虚的心去放下过往对他人评头论足的傲慢。

是因为尊重每个生命和每个人的谦逊感让我们的脸上增添了更美丽的皱纹。

我们之所以在这个地方出生、生活，只是为了完成自己的成长之路。

但我们忘记了我们的初心，沉迷于追逐财富与名利，又虚假地粉饰了整个过程。当生活为了让我们每个瞬间都能获得成长而让我们做出选择时，我们没有选择爱、善良和宽恕这些人生态度，而是选择了怨恨和愤怒等不成熟的人生态度，这让我们在人生的旅程中非但前进不了，反而会不断向后退去。

我们，我们将自己生在地球这颗星球上并生活下去的唯一理由和目的抛至脑后，所以我们才会感到痛苦。

现在请记住我们的初心，以后不要再忘记了。

请相信现在你所面临的所有事情和状况都是生活为了让你得到成长而送给你的礼物。所以请怀着喜悦的心情、激动的心情去打开你面前的这个礼盒吧。

无论其中是痛苦、悲伤，还是怨恨，这些礼物都是你成长路上必不可少的。

请牢记这个事实，让自己去选择成长。并由此去完成你诞生在这颗星球上的最崇高的目的吧。

你当下每时每刻的经历和选择都是生活送给你的礼物啊，只是为了让你得到成长。现在是，一秒钟后也是。

现在请做出那个让你真正变得幸福的选择吧。让自己从不知满足的心、忐忑不安的情绪，还有从那没有缘由的极度空虚中摆脱出来。

通过自己的选择让自己获得成长，去找回那满足又充盈的心，让自己获得真正的幸福吧。

当以获得成长为目的的时候，我们发现过程比结果还要珍贵。我们当下存在的每个瞬间让我们不会因为追逐结果而陷入虚幻的不幸当中，反而我们会因为追逐的这个过程本身而感到满足，并因此得到真正的幸福。

仅仅是一呼一吸，我们活着这件事情本身就已经是无法形容的奇迹了——这使我们心存感激。让我们心怀感激，继续生活下去。

一切都是如此完美，既无须再改变，也没有缺憾。感受着这满满的幸福，飘飘然沉浸其中，将那溢出来的喜悦传递给他人。

存在本身就是被命名为"爱"的神圣艺术。能够成为世间少有的真正的美好，不是因为你拥有了什么，不是因为你做了什么；而是成为那种有魄力的存在，能够让你鼓舞别人、安慰别人，能够让你去爱别人，被别人爱。

就这样，你的脸上多了几道非常美丽的皱纹。

现在请记住。

你来到地球上的理由只是让自己获得成长而已。

现在请幸福起来吧。

其实越过不幸和幸福之间那巨大的鸿沟，瞬间就能让自己幸福起来的魔法真的很简单。

就是记住你曾经忘记的、你所存在的理由。

一直以来你存在的真正理由被掩盖着。现在，你看清了自己那虚假的内心，幡然醒悟，开始为了让自己获得成长而活。

这就是魔法的全部了。真的。

对于被我写的这篇文章吸引过来并读到此处的你来说，我会恳切地祈祷上天，希望能让你明白当下这个瞬间并不是单纯的偶然，而是为了你的幸福，命运将你带到了这篇文章前。

请相信命运在冥冥之中对你的指引吧。请从现在开始记住你所存在的目的，请一定要幸福啊，因为你是一个足够让自己感到幸福的存在。

拜托你了

　　当空虚袭来，你因为内心无法被填满而感到非常痛苦和疲惫的时候，就那样再次无力地瘫倒在了地上。

　　世界变得枯燥无味，所有的关系和行为突然都变得毫无意义。面对这种孤独的空虚感，你不知道该如何填满它。就这样你陷入了无法自拔的沼泽之中，就这样你在欲望的森林里徘徊着、挣扎着。

　　在倾泻的泪水还未消失之前，因为无法承受如此沉重的忧郁，你试着投入朋友的怀抱中，去寻找一丝慰藉。但你得到的安慰却满是敷衍、毫无诚意。就这样，你一个人成了一座孤独的岛。

　　我该怎么做才好呢？该说什么才能安慰到你呢？你站在成长所带来的痛苦面前，虚弱的双腿支撑着你独自站在那里，你颤抖着，你哭泣着。我该如何安慰这样的你呢？

　　我想安慰你，想带给你力量。你就不能因为我是如此真诚而得到一丝丝的慰藉吗？

我知道自己的力量有限，虽然就只是那么默默地看着你，但我与你一同悲伤着你的悲伤啊；想带给你力量，为此我盯着键盘苦恼了好久。你看在我的这些真心与诚意的份上，可以振作起来吗？

一定要振作起来啊，请你一定要振作起来。不要轻易倒下，坚持住。不要就这样在生活的面前认输，站起来。

我曾经像你一样倒下过，那个时候只感觉天下之大，竟无一处能让自己安身，熙熙攘攘的世界里就我独自一人。我曾认为对于活着，死去更容易一些。我曾怨恨得想要结束自己的生命，但我咬牙坚持了下来，我继续活了下去。

现在我想说，我认为过去的那段时光是我人生中不可或缺的宝贵财富，是为了使我获得幸福而对我的馈赠。你能相信我所说的这些并继续坚持下去吗？

能不能就这一次，相信我，并接受我的安慰？

请你一定要打起精神啊，再稍微坚持一下，咬牙继续生活下去吧。希望你能够成为更好的自己，这样当下的时光才会来到你身边。所以请一定要坚持下去，一定要幸福啊。

"拜托你。"

我们一起加油，彼此安慰，好好地继续我们的生活吧。

现在的我们已经是非常珍贵而又美好的存在了，将来的我们会变得更好、更出色。让我们相互安慰着彼此，在这偶尔粗粝又艰难的人生中好好地成长吧。

就这样，让我们成为美丽的花朵，尽情地绽放吧。为此，在当下这段暂时艰辛的时光面前千万不要放弃，让我们坚强地生活下去吧。

只是我们的人生会质问我们，质问我们有没有资格成为盛放的鲜花，并用猛烈的狂风动摇着我们。

所以我们不要被这暂时的动摇所迷惑，放弃生活所赐予我们的这场考验。

不要放弃那离我们仅仅只有一步之遥的宝贵幸福。因为我们本身就是如此珍贵，因为我们过往的岁月以及接下来的人生都是如此珍贵，所以让我们务必坚持下去，让我们务必获得幸福。

正是因为经历过那所有的痛苦，才有了今天成熟的我们，才使得我们的存在变得如此活力满满。

"我们"这朵耀眼的花朵就这样盛放开来。请守护好它，不要让它被摧毁。请一定不要放弃它。因为现在的我们正在幸福、灿烂地盛放着。

因为我们是如此珍贵，因为我们过往的岁月让我们接下来的人生都变得珍贵无比。所以我们一定要坚持下去啊，我们一定会幸福的。

2·谈爱情

既迫切又绝不草率地慢慢走近彼此身边，慢慢走进彼此心中。就那样长长久久地，或许可以一直到永远。

为了遵守很久以前你与我所做的约定，那个甚至都快要被我们忘记的约定，我们就这样，再次相见。

虽然令人无法理解，但我们确实再次相爱了。就这样，又一次对遥远的未来许下爱的约定。

无论什么时候，我都会再一次在不知不觉间第一眼认出你，再一次爱上你。

这件如此美好的事情，它的名字叫作"我们的缘分"。

那个人为了遵守与你的约定而历经艰险，自远方来到你身边。请你对他说："谢谢你没有忘记我们的约定，谢谢你来见我。从那么远的地方赶来，你一定很辛苦吧？现在的我会让你幸福的。再次相见，我一定会遵守那个约定——爱上你，让你成为一朵微笑着的花，幸福地绽放。让你只有喜悦，再无其他。"

所以现在不要再放开这双彼此紧握的手了。

当黄昏如同薄雾一般倾泻而出的时候，红色的晚霞包围了我的孤独。

我想，或许所谓爱情，就是黄昏时分的夜晚吧。

是驱散掉工作后一身疲惫的夜晚，还有好奇你这一天都经历了什么。饱含爱意的眼睛里映出彼此的模样，就这样在不知不觉中，忘记了一天的辛苦，忘记了一身的疲惫。

如果一份爱情在不同的时间段里有着不同的含义，那么，我想成为像夜晚一般的人。

想成为温暖夜晚里那湿润的空气，能够拂去你的满身疲惫；想拥住你，在你耳边说一声"今天辛苦了"。

突然就有了这种想法。

现在已经是那样的夜晚，那样的时刻了。也许正是因为如此，我才会感到有些孤单，又有些可惜。

我向正在变淡的晚霞祈祷，祈祷那历经艰险、从很远的地方向我奔赴而来的你一定要平安地来到我的身边，用温暖来环绕我。

并且，我也向着模糊的前方迈出了自己的步伐。

或许那也正是你在的方向。

爱情需要用心

一句"我爱你"，说出来简单，但其中所包含的真心却千差万别。比如，一个说爱你的人，明明是爱着你的，却没有用心去做；但他为了自己的成功，又能竭尽全力，不惜一切。

那个人的那句"我爱你"里，所包含的真心既没有让你激动，也没有让你感觉到真诚。这句话轻飘飘的，飘进了你的心里，没有激起一丝涟漪。

爱情，不是独自一人，而是两个人共同处在某种特殊而又美好的关系之中，所以才会更加特别，更加珍贵。

在爱情里，既要花费时间，又要花费心思，要有责任感，并且还要努力做到相互理解。怀着这样的心情说出的"我爱你"才会更显真挚，这样一起度过的时光才会让我们变得更加美好。

我们，也这样相爱吧。不是那种不用心、最终凋零的爱情，而是那种双方的感情在彼此的诚意和无微不至的关怀下美丽绽放的爱情。去和给你这种爱情，并且让你觉得值得你给他这种爱情的人相爱吧，去谈一场美丽的恋爱吧。

我是说彼此把对方放在优先位置上的那种爱情啊。

只要是我们喜欢的东西，无论是什么，我们都会在这上面倾注心血去喜欢的。不管是自己的车子也好，衣服也罢，抑或是自己喜欢做的事情，不管是什么。

既然如此，那么对于自己的所爱之人，这个对自己来说世界上独一无二的存在，难道不更应该这样对待吗？

"爱情第一位"，但请不要误会这句话的意思，这句话并不是让大家舍弃工作，赌上一切，一味执着于爱情。

有这么一句话："我们工作不仅仅是为了我们自己的成功，还是为了对我们所爱之人负责。"还有一句话是："在我的人生规划中，原本只有我自己，直到我遇见了那个人。"

因为彼此相爱，所以这段关系在我们的生活中占据了优先的位置。也因为如此，我不再只是为了我，还为了我们，我会更加努力地工作，且有了更多的理由让自己必须获得成功，更想成为比现在还要稳重、还要优秀的人。

所以，我相信在这段爱情中，通过为这段关系负起责任的真诚，通过珍惜并爱惜这段关系所花的心思，成为彼此人生旅途中携手一起成长的伴侣……

两个人的感情绝不会凋零或者崩塌，而是会变得美好又坚不可摧。

当我走在路上看到你喜欢的玉米，我不可能就这样路过，空手而归，因为我很想看到你幸福的样子。

偶尔也会四处寻找玉米作为礼物送给你，因为我想成为那个能够带给你快乐的人。

一个人去旅行的时候也常常会想到你。给你拍下美丽的风景，走在路上时会想这里会不会有你喜欢的纪念品呢？为此每天都思索着，四处地看着。

因为我希望你会因为我而变得更加幸福，因为看着你露出幸福的模样就是我的幸福。

爱情，就是两个人融为一体。

即便分开，我生活的世界也会被爱你的一颗心充满。

和你在一起的每个瞬间，彼此相爱的心意都会成为美好的香气弥漫在我们周围。

就这样，彼此将对方视为第一位的满满用心，彼此思念对方、珍惜对方、热爱对方的心会凝聚成一朵永不凋零的花。

你有没有在好好守护你的浪漫呢？

在现代社会中，很多人把婚姻当成生意，有的男人看重女人的美貌，有的女人看重男人的能力，他们各取所需而结为夫妻。但这并不是我们想要的爱情啊，不是吗？

即使要经受考验，即使会经历痛苦，我也不在乎，只要能和你在一起，痛苦也是幸福。这不就是浪漫的爱情吗？

这难道不美好吗？你现在有没有在好好守护你的爱情、你的浪漫呢？

因为太爱你了，所以我希望你的眼睛里一直有我。

想霸占你所有的时间，想你的视线所到之处都是我；想和你牵手一整天；想你的回忆里处处都是我。

就想这样，一辈子和你在一起。

想和你一起去爬山：虽然各自眼中所看到的风景不尽相同，感受到的美丽不尽相同；虽然有时会误入歧途，徘徊许久都找不到方向；但这都不重要，重要的是我会紧紧牵着你的手。我不会害怕，只要一生有你相伴，我什么也不怕。所以，让我们谈一辈子的恋爱吧。

恋爱的尽头并不是走入婚姻，而是为了让恋爱本身成为婚姻。就让我们甜蜜地谈一辈子恋爱吧。

只要和你在一起，这个世界上没有什么能够动摇我对你的爱，没有什么能够动摇我们的幸福。所以这一生请一定要握紧我的手。

因为爱你，所以我只想成为你的快乐。

为了每时每刻都让你笑靥如花，我会让你幸福的，一定会让你幸福的。

因为你幸福我就会幸福啊。

因为看到你笑了，我就会快乐；看到你哭了，我就会悲伤。

所以我会拼尽全力去珍惜你，去爱你的。为了让你幸福，也为了自己因你的幸福而感到幸福。

我会爱你到永远——若此生不够，那就来生继续。我会比爱自己还要更爱你、珍惜你的。

因为爱你就是爱我自己啊；因为现在不再是你和我，而是我们；因为我们已融为一体；因为为你所做的一切也是为我自己所做。

你有没有在好好守护你的浪漫呢？

那种爱情

想牵起所爱之人的手，与他一起走过我整个的人生旅程。

痛苦、悲伤、喜悦、幸福……我想和你一起去看遍这一切，去聆听这一切，去感受这一切。

就这样，我与你站在人生的最高处，双手紧握，看着下面那些，我们曾经走过的点点滴滴。

和我在一起让你受尽了苦楚。就这样流着泪，想再一次拥抱你，想对你说我爱你。

我是你的一切，你是我的所有。

我们彼此是对方的不可或缺。我们一起走过的曾经成为回忆里宝贵的一部分，一想起未来的相守岁月，当下便已经心动不止了。

那种爱情啊——

如果我爱你，我会牵着你的手一起走完我们脚下的路。

一起去经历所有的磨难，一起去感受所有的喜悦，真是可爱又美好。

就这样一起走过余生，紧紧握住彼此的手，凝视着彼此的眼睛，一起站在人生的最高处看风景。

辛苦你了，真的谢谢你，我爱你。如果有来生的话，我们还在一起吧。

像这样，相爱到这一生的尽头，来生也非你不行。

那种爱情啊——

我想拥有这样的爱情：相爱到这一生的尽头，来生也非你不行。

你想拥有的爱情，以及你当下的爱情，是怎样的一种爱情呢？

爱

对任何人或者任何存在都充满了珍惜与爱护之心。

请你这样爱我吧。

请你这样去爱你自己吧。

我的意思是，请多多存有珍爱之心。

爱一个人会用一颗真心去爱对方、珍惜对方，绝对不会用诋毁、控制，还有恶语去伤害对方，而是会看到并夸赞对方的优点，使其备受鼓舞。

会为了让对方更加闪耀，为了使对方成为含苞待放的花朵并能够盛放而衷心地为他加油，希望他顺利。

比起嫉妒，更会因对方的优秀而感到喜悦；比起拥有，更会为了让对方过得更好而选择放手；比起按照自己的方式控制对方，更愿意温暖地理解对方。

不会高高在上，而是会守护在对方的身旁，在对方疲累的时候心甘情愿做背后给予支持的那个人。

会为了能够真正地爱对方而先去真正地爱自己。

与其抓住对方的失误紧紧不放，会更愿意睁一只眼闭一只眼，尽量给予对方理解；当对方误入歧途时，与其一味地催促对方，会更愿意从自身做起，引导对方走上正确的道路。

不会为了自己的虚荣而自满自大、自命不凡，而是认为我有我的优秀，你也有你的出色，会以一颗谦卑的心和宽广的胸怀去包容对方、鼓舞对方。

爱作为人类所能追求的最美好的终极艺术，也是我们此生唯一的人生目标，所以我们要对彼此做到绝对真诚。

因为爱，原本那些常人认为不可能克服的障碍变成了能够轻松跨越的存在。

即使身心疲惫，也会因为爱而给孩子准备好饭菜；虽然偶尔可以放松一下，但还是会仔细给小狗准备好零食；虽然会因为工作上的事情怒火中烧，但看到你的脸庞还是会一如既往地露出笑容；想起辛苦工作而一身疲惫的父母，就主动收拾了积攒的碗筷，打扫了家里的每个角落；虽然有时会对未来产生忧虑恐惧，但因为热爱自己的工作，所以还是克服了自己的茫然无措与倦怠；开车的时候因为担心旁边的人可能会感到不安，于是减慢了车速，尽量将车子行驶得平稳；如果有了好东西就想跟你分享，只想为你带来快乐和幸福……

请用这样一颗美好的心去爱自己，去爱你身边的人。

我的意思是，请多多存有珍爱之心。

幸福的恋爱？

去谈一场幸福的恋爱其实很简单。

去爱这个人真实的样子。不要去挑他的瑕疵，不要按照你的方式去控制他，或者为了配合你理想中的他而让对方失去自己原本的颜色。

去爱这个人真实的个性和色彩。

还有，去和一个也如此对你的人相爱。

若非如此，爱情不过是消解我们欲望的工具罢了。曾经的幻想和欲望一点点地被消解，当再也没有新鲜的东西时，彼此也就相看生厌了。

和这样的人相爱，有可能会让我们错失真爱，到头来不过是浪费时间而已。

"我明明是这种人，却总会爱上另外一种人，爱上那种毁掉我真实美好的人。"因此，你的内心一片凌乱，双手紧紧地按住自己冰冷的胸口期盼着对方的珍惜与爱意。

你渐渐变成一朵失去了水润和光泽的、枯萎的、没有了颜色的花。

你得到了我满满的爱意，所以要变得更加可爱才行；你看到我柔情似水的眼神，应该被这温暖的悸动迷住才行……对方永远无法得到满足，对你的要求越来越多，你的内心也因此而变得千疮百孔。

就这样，你谈了一场让自己失去光芒的恋爱。你失去了自己真实的颜色，空虚感猛烈地向你袭来。对方的眼神中所透露出来的，不是爱意，而是满满的控制欲。你的心在这样的冷漠面前开始忐忑，开始不安。你小心翼翼地看着对方的眼色，离幸福越来越远。

请你不要成为爱情的乞讨者。如果你为了得到这份爱情需要勉强自己，需要抹掉自己原本的颜色甚至甘愿失去自己，请你明白你为了得到那份爱情所做出的所有努力其实也在让你变得不幸。

因为对方对你的幻想和对方自身的欲望永远不可能被满足。

自始至终需要做出改变的，不是你，而是对方的心而已。

谈一场幸福的恋爱，唯一简单的方法就是去爱真实的对方，去和一个也是如此爱着你的人相爱。

这就是全部了。

等待的价值

有些人总喜欢掌控别人，总想着改变对方本来的颜色。

不管是作为朋友还是作为恋人，与这种人交往都只会让自己变得痛苦不堪、疲惫不已。

你应该要尊重我啊，应该要理解我啊，应该要爱我啊。

对方总是试图把我变得不再像我，把我改造成另外一个人。但我想说："你其实并不爱我。你这只是爱你自己的欲望和你想象中的我罢了。"

我的意思是，真正爱我的人会把我的失误和缺点当作我生而为人的真实，会理解我、尊重我。

真正爱我的人比起希望我做什么、期待我做什么，更希望我会因为此刻彼此相伴这件美好的事情本身而感到幸福。

我想遇到一个这样的人。

或许这是最难满足的条件了吧？

但如果是这样一个人，那么是值得我们去等待的。

两个人"在一起"不是最重要的，最重要的是两个人在一起有没有"价值"。

不知从何处飞来的孤独之箭穿透了你的心脏，让你变得格外寂寞。

这一刻，把"价值"和"在一起"混为一谈的你，将一场值得的等待抛之脑后。为了逃离当下的孤独，为了驱散当下的寂寞，你就这样随便遇上了一个人，随便开始了一段爱情。

这个时候，你意识到这份爱情是一场胜算极小的赌博，是一个关于爱情的错误选择，带不来幸福感，毫无价值可言，然后你会开始后悔，后悔当时的急不可耐。

所以，请不要心急。

当真实之花盛开之时，你独有的魅力所散发出的香气和所展现出的颜色会吸引某个人来到你的身边。这时你等待着那个被你真实的香气所吸引，为你的真实的颜色深深着迷的人来寻你就好。

真正的爱情是慢慢渗透进彼此的内心，是相互尊重彼此的颜色，甚至连对方的缺点也一并喜欢。这样在一起的价值本身就是爱情的一切。

彼此凝视着的眼眸中映出对方原本真实的样子。

"真正的爱情"是用永不消失的爱意凝视着彼此、爱惜着彼此、守护着彼此。所以你没有必要去着急，你的等待就是为了谈一场这样"真正的爱情"，你的等待是有价值的等待。

当你无法忍受这突如其来的孤独，在熙熙攘攘的人群之中，你向着某个人走去。这时的你向前走的每一步都是在拿你的幸福做赌注。

真实的你已经足够珍贵，足够美丽了。你值得去爱某个人，值得被某个人爱着。所以将这样高贵的你拿去跟命运做一场豪赌，这一点儿也不美好、不漂亮、不可贵。

着急不是你豪赌的理由。现在的你也已经足够帅气、美丽了，现在的你也是一个珍贵的存在啊。

比起拿着你宝贵的人生去豪赌一场，不如忍受现在的孤独，先去完善自己。

当你努力地过着属于你的人生，再去爱一个人的时候，那时的你会变得更加灿烂耀眼，那时的你自身所散发出来的香气会变得更加浓郁和迷人。

为了不让你真正的缘分在来找你的路上四处徘徊，你仅仅需要将你的光芒变得更加闪耀，将你的香气变得更加浓郁迷人。

就这样，当你先完成了自己的人生课题时，你摆脱掉了这场豪赌未知的恐惧，成了无条件的百分之百安全的幸福和爱的创造者。

只有你成为优秀的人，你才会吸引到优秀的人；只有你成为优秀的人，优秀的人才会被你吸引。

为了让两个人在一起拥有价值，请你先让自己变得优秀。为了不再让自己独自一人，备受孤独，请你先尽情地去珍惜、去爱你自己和你的生活。

你的优秀和自尊决定了谁会吸引到你，你又会吸引到谁。

当你不再为了逃避孤独感而随便和某个人开始一段感情，而是因为对方于你而言是独一无二的存在，你非对方不可，这样才是值得你赌上爱情和命运的"在一起"。

　　现在的等待，是为了实现它的价值的美好的等待。

缝好爱情的第一颗纽扣

当脑海中充满了想恋爱的想法，独自一人陷入孤独而渴望爱情的时候，我们经常会犯下一些"错误"。

不管是相亲还是在大街上索要联系方式，不管是怎样的相遇，为了成功与自己有好感的人开始一段感情，为了让自己从现在的孤独中逃脱出来而把自己装扮得更为帅气、更为华丽——这就是所谓的"失误"。

一段感情如果是这样开始的，那么我们最终得到的，只能是痛苦。

因为想要缝好爱情的第一颗扣子，方法是你只需要展示出自己真实的一面即可。

曾经有这样一个人，你对他充满了好感，但对方对于你真实的样子并没有太大的感觉。如果你为此费尽心思努力改变自己，如果你因为你们之间有缘无分而陷入偏执，那么我想对你说："请不要执着于你和他的相遇，你们注定有缘无分，所以放手吧，再稍等些许的时间，属于你的缘分自会找上门来。请好好守护真实的自己。

总有一天你的面具会脱落下来。

为了得到这份爱情你扮演着另一个人，但最终还是受到了伤害。虽然你是为了摆脱孤独而戴上的面具，让自己成为另一个人，但这种令你感到解脱的时间会很短暂，而落幕后的空虚感却会持续很长时间。

你最终会变得更加辛苦、更加孤独。

最后你卸下了这令你疲累的沉重面具，露出真实的自己，这个时候对方却会误以为这样的你已经变得不再是你，因而失望于你的变化。

从这一刻开始，不管这份感情何去何从，你们的缘分都已经走到了尽头。

或许你还是会费尽心思勉强延长这压根儿就不存在的缘分，从而让自己气喘吁吁、疲惫不堪。

你保持着自己真实的样子就好，将注意力集中在自己的生活上。

珍惜自己的生活，热爱着真实的自己。就这样，当你努力过着自己真实的生活，就一定会有一个人被你自身所散发出的真实的香气所吸引，然后找到你。

请你不要心急。那被你的真实所吸引的缘分，那命中注定属于你的真正缘分，现在正在走向你的路上。

因为偶尔的孤独，现在的你想开始一场恋爱——你坐立不安，对于如何开始迈出第一步苦恼了很久，闭着眼睛想象着自己打扮得光鲜亮丽的样子。就这样，为了得到爱情，你选择了将来的痛苦。

事实上，缝好爱情的第一颗纽扣的方法没有什么特别的。

因为生疏，所以你很是忐忑不安；因为缺乏经验，所以你很是紧张无措；因为害羞，你的双手颤抖，眼神慌乱。尽管你手滑了很多次，尽管你每次都没有成功，但如果说这就是真实的你，那么就按照你真实的样子去靠近那个人。

这就是缝好爱情的第一颗纽扣的唯一方法。

那些看见你笨拙而真实的模样认为你不堪入目，这类像个傻瓜一样的人并不是你真正的姻缘。你真正的缘分对象反而会认为这样的你可爱、漂亮又率真，会主动靠近你，会紧紧地握住你的手，会给你缝上那颗你从未缝上过的爱情的第一颗纽扣，会对你说"很抱歉我让你等了这么久，我爱你"，会亲吻你……那一刻，你笑靥如花。

为了就这样成为彼此的真心爱人，为了融化你心中所有的孤寂，为了弥补你所缺失的百分之百浓度的真爱，为了实现命中注定的相遇，宇宙把这颗你缝不好的纽扣缝在了代表你爱情的这件衣服上。

即使你有些笨拙也没有关系，只要那是真正的你就没有关系。

如果为了得到这份爱情，你亲手彻彻底底地毁掉了自己那珍贵又美好的价值，若你要以这个样子去走向某个人的话，怕是连你自己也没有办法承认自己，没有办法爱自己。这样的你只会被这凄凉的孤独和这万分的空虚所吞噬，只会感到痛苦而已。

这都是你那荒唐的想法所导致的悲剧——你认为这个

世界上不会有人爱上真实的自己。

现在为了终结这出悲剧，为了敲响崭新的幸福的钟声，你用你珍惜自己、爱自己的心欣然地将那个不爱真正的自己的人送离自己的世界，摘下自己曾戴过的那个面具。

如果你将你的本来面目严严实实地隐藏在那华丽的面具之下，那么人们所爱的那个人并不是你，而是那个面具。

有一天，人们在看到面具之下的你之后也会露出失望的神色，摇摇头，然后转身离开你。就这样留下你一个人在风中凌乱，懊悔不已。

现在为了得到真正幸福的爱情，摆脱掉那为爱而戴上的面具所引发的残酷的误解，请保持你真实的自己，缝好你爱情的第一颗纽扣，迈出你爱情的第一步。

爱你真实的样子其实很简单

陀思妥耶夫斯基曾说过："和任何伟大的人在一起，只需要一个晚上，你就会变得讨厌他。因为他的个性会压制我们的自由。"

科埃略也说过："与陌生人交谈之所以令人感到愉快，是因为他们并没有试图控制我。这样才会让自己快乐。"

所以我们为什么不能去珍惜、去爱彼此真实的样子呢？

无论是对我自己还是对你来说，我们都需要梦幻般的魔法，让我们去理解和尊重我们彼此真实的个性和色彩，然后彼此相爱。

这难道是一个只会存在于梦中的世界吗？

这只需要轻轻地拍拍你那陷于惰性中的心，让自己稍微努力一点儿就可以了。只要你迈出了第一步，自然而然就知道接下来需要怎么做了。

你也许会问这是为什么——因为我们都是自私的啊。

如果知道那就是真正的幸福的话，我们即使不努力，仅凭借着一颗利己之心，我们也会坚决这样做的。

所以你只需要换个角度去看待这件事情，会发现没有什么难的。

请不要把你的生活方式强加给对方。如果你的内心并没有做好准备，那么拍着郁闷的胸口，泪流满面、伤心难过的，就会是你心爱的人。所以，请竭尽你的全力去尊重那个人的色彩和个性吧，而不是想要在感情里控制对方，考虑输赢。

如果是因为太爱对方，为了让对方感到舒心而想关心那个人的话；如果是因为太爱对方，为了减轻那个人的负担而想奉献自己的话，那就不要偏执，用爱去调和彼此的颜色吧。

那样的话，你们就会创造出这个世界上独一无二的美丽颜色，那只属于你们两个人的漂亮颜色。

如果你爱他，你就会理解他；如果你爱他，你就会配合他。但是试图控制对方并不是爱，那样的话，你所爱的不过是你的欲望而已。

那份爱情是你的幻想，最后结局总是会走向绝望。请去珍惜、去爱对方真实的颜色和个性吧。

如果你真正爱的不是自己的欲望，而是这个人的话，你就不会一味地偏执，而是会为了对方、为了这份爱而做出改变。

初恋

　　我认为决定一段感情的关键因素不在于你们是否是彼此的初恋，不在于你们相遇的时间，而在于你们是怎样爱上的对方，在于你们对彼此的爱有多深。

　　真正令人怀念和渴望的人是那种把一片真心交付于对方的人，是用与众不同的内涵和暖意温暖对方心中的每个角落，用自己的善良影响对方，彼此共同成长的人。

　　如果你们以这样的心彼此相爱的话，那么你和对方就是彼此的初恋，你们会凭着这一腔真挚的爱意走向永恒。就这样，这段感情成了你们最后的爱情。

　　试着用这种热切的情感去爱吧。

　　有那样一个人。让你怎么也忘不了，总是为他在心底留一个位置，一想起他就心头发酸。

　　每当回首往事，你都会想：那时候的那一份爱情既是自己的初恋，也是自己最后一段爱情了，也许自己再也没有办法用当时的那种心境去爱一个人了。

把当时的那份感情全然交给了某个人，现在这样的事情好像不可能再发生了，自己连这样的念头都不会再有了。

你苦恼着自己是否还能再次拥有那种爱情，沉浸在思念过往的回忆中，孤独又凄凉。

但是，比这更热切的爱情会在某个你意想不到的瞬间，向你奔赴而来。曾经视其为初恋的那个人也会变成只是当初相遇过的人而已。

你通过深深的共鸣向此刻在你身边的这个人分享着当初无法表达的真挚内心和温暖柔情。

你倾注心血的爱意和充满温暖的丰盛感让你们彼此交换和享受着你们从未向他人付出过的爱意。

你的初恋，这才开始。

当初的那份爱情跟现在的相比太过弱小，所以你们明白那不是爱情。

现在的爱情成了你们唯一的爱情，真正的初恋开出了花。

为了遇见你那还未相遇的初恋，为了遇见你那真正的爱情，请去好好克服当下这些懦弱的想法——现在这孤独又寂寞的心可能让自己再也无法拥有当初那样的爱情了，然后让自己变得更优秀。

就这样，某个人被优秀的你所吸引，从很远的地方向你奔赴而来，带给你爱情里前所未有的感受——你真正的缘分来了。请你抱着他，低声对他说："谢谢你来到我的身边，我一直在等你。"

请不要埋怨

请不要因为感到孤独就随随便便找个人恋爱，然后哭哭啼啼地开始后悔，开始埋怨。

这一点儿都不漂亮。

这一切都是你自己做出的选择啊。

与其为了摆脱内心的孤独而开始一场恋爱，不如让自己的心态变得成熟，使自己变得完整之后再去谈一场双向奔赴的恋爱。

这样的你才是漂亮的你啊。

你会通过一直以来不断的学习，对将来的爱情有很好的认识。

请不要埋怨，从现在开始请对自己诚实一点儿。

现在想要和人恋爱的这份心情是因为太孤独，还是因为真的爱这个人？会不会只是为了逃离这空虚与寂寞呢？会不会是为了想用些别的什么让自己变得完整而做出的挣扎呢?

从现在开始请坦率一点儿。

成熟的恋爱是这个样子的: "即使没有你,我依然会过得很幸福;但是因为有你的存在,我变得更加完整了。不是因为你身上其他的什么东西吸引了我,而是你在我身边这件事情本身对我来说就是礼物,让我感到欢喜,所以和你一起度过的每个瞬间我都感到很幸福。"

虽然你因为生命中的缺失感,以及那无法摆脱的空虚感而让自己陷入孤独和寂寞中,从而焦急地想要开始一段感情。

但是这样做的你只能短暂地摆脱掉孤独感,很快你就会再一次迷失在孤独寂寞的丛林中。

这是因为你自己还不够完整。以不完整的自己开始的恋爱,最终也会因为自己的不完整而崩塌。

请去关心自己,去爱自己吧。以此来填满自己现在这种充满了空虚感和缺失感的人生。

为了不再孤单一人;为了拥有无论何时都充满着温暖安慰的怀抱,而不是总有一天会消失的别人的怀抱;为了自己可以成为坚强勇敢的存在,请你先去关心自己、去爱自己。

就这样,你在真正意义上成了完整的散发着光芒的自己。你开始一段感情,不再是为了抚平自己内心的缺失与孤单寂寞,而是因为这个人是一个真正吸引你的人。

你不再是为了消除无法填满的心中的孤独和欲望而开始一段恋爱。虽然一个人也是完整的存在,但和这个人在一起会使你更加完整，彼此相爱的真心会使双方的人生变得更加丰盛。

只要牵着彼此的手就能感受到人生的任何瞬间都是幸福的，这种爱情只有在彼此完整的时候才能实现。

不爱自己的人是无法真正爱上别人的。

这份爱情最终只是为了安慰不完整的自己，把依赖和执着美化成爱情的幻想而已。

这部幻想电影从第一幕到最后一幕，你身为主人公并没有经历什么残酷的悲剧，所以你的幻想最终也没有成为现实，就这么落下了荒唐的帷幕。

以完整的彼此去得到爱；彼此的存在散发着更加灿烂的光芒，彼此鼓励；两个人融为一体让一切变得充实起来。仅仅只是因为你们两个人在一起，直到生命的尽头，你们这份爱情都会坚实又温暖。

这一切都是只有自身完整的人才配拥有的特权，并且取得这个特权是为了让我们获得幸福的爱情这一最珍贵、最美丽的事物，这既是我们此生的任务，也是最终的目标。

所以，请你去相信那散发着光芒的殷殷命运，而不是你空荡荡的心中那急切的孤独，请先去爱你自己吧。

自私的爱情的结局

当彼此都认为自己的得失在对方心中变得无关紧要的时候，他们的幸福也就走到了尽头。

——艾米莉·勃朗特《呼啸山庄》

单靠一方是不够的，彼此要互相考虑、珍惜和关心对方的得失，做好了奉献自己某样东西，甚至是全部的这种准备。如果没有这种觉悟的话，爱情的尽头会不会像某天没有星星、也没有月亮的夜空那样漆黑一片呢？

我在读到《呼啸山庄》的一段话时，突然产生了上面这样的想法。

现在的你正在经历着怎样的爱情呢？

尽管有人陪在自己身边，但孤独还是会突然就涌上心头。你内心闪闪发光的星星和月亮被这孤独感所带来的黑暗掩盖住了，连一丝光线都不复存在。

爱情变成单行道的瞬间，某一方的优先顺序不再是彼此的瞬间，夜空乌云突袭而至。

就这样，你捂着孤独的伤口，安抚着孤独带来的浓郁而又残忍的痛苦。你望向窗外，看着那无尽的黑暗，双眼含泪，紧紧地捂住冰冷的胸口。

爱情是需要彼此共同付出的。

因为深爱对方，所以满心想着给那个人带来快乐，凝视彼此的眼神中全是这种心情。这份真心表现在珍惜彼此的行为上：没有斤斤计较，不一味利己，不拐弯抹角，保持纯粹的真诚。

有时候我们会迷失方向，在黑夜中徘徊。在彼此孤独的心里，这份真心会成为闪耀着光芒的星星和月亮，成为彼此永远而又踏实的光芒，为彼此驱散黑暗。

我爱你不是勉强，而是发自内心的真诚，我会努力让你的脸上绽放出喜悦的花朵。你开心，我就会开心；你幸福，我就会幸福。

如果是这样的爱情，那么两个人在一起本身就成了发着光的星星和月亮，驱散了彼此生活中的黑暗，在彼此的夜晚凝聚成永远幸福的爱情。

为了让我感到快乐，你也必须要快乐；为了让我感到幸福，你也必须要幸福。

当彼此因为这种心情，当彼此为了对方的快乐和幸福自愿舍弃自己的愿望和要求时，这份爱就会成为永远闪耀着的光芒，会成为永不熄灭的光辉，浸入到彼此的心里，凝结成为永远的爱情。

　　你的得失就是我的得失，你的快乐和幸福也是我的快乐和幸福，所以就让我们相爱，做彼此的星星吧。

分手的决定

决定分手的那一刻，是即使在一起自己也不会再有爱意涌出，或者再无法感受到对方爱意时的瞬间。

当这种感觉来临的时候，即便如此，也还是恋恋不舍地维持着这段感情。再没有什么比这更能让你痛苦，让对方痛苦，让你们彼此相爱的回忆变得痛苦的了。

因此当你突然有了想要分手的想法时，当直觉告诉你这段感情现在已经走到了尽头时，当在一起的时间不再幸福时……这一刻，就是分手的那一刻。

下定决心要分手，你在涌上心头的回忆中犹豫着，在对过去的恋恋不舍中踌躇着，就这样你认识新人的那扇大门被关上了。

如果这给你、给对方、给你们的那些回忆带来痛苦的话，那么现在请你无论如何也要分手。

看着渐渐冷却的爱情，你感到非常痛苦。你想念那个曾经满眼爱意注视着自己的人。

虽然和昨天一样，他对你说了"我爱你"，但这句话中似乎没有了他往日的真心。

你看着渐渐变质的爱情而痛苦不堪。明明在一起，就不应该会感到那么孤独啊；但即使在一起，孤独感的侵袭还是会让你崩溃。你们爱情的颜色不复从前，那褪色的污点渗入了你的心中，你想念着那个曾经的他，捂着冰冷的心哭泣着，伤痕累累。

你所爱之人并不是此刻伴你左右的人，如今的你陷入了过去的回忆之中，那回忆里的他还是从前你爱的模样。

就这样，你的所爱之人并不是现在整日陪在你身边的人，而是曾经回忆里的那个人。让你露出微笑的，也不是当下这段恋爱，而是回忆里的那段恋爱。你的所爱之人就这样成了你的回忆，你爱过与被爱过的曾经。

或许我会因为不舍从前，而像以前一样再次爱上你。因为这种恋恋不舍，你对你们彼此共同的过去充满了惋惜；因为这种傻瓜般的恋恋不舍，你掏空了自己内心的每个角落，不断地折磨着自己。

你现在已经不爱自己了吗？你为什么都不关心你自己了呢？

去倾听一下你内心的声音吧。

这份爱情已经走到了尽头，再也没有挽回的余地了。

虽然你在那恋恋不舍的漫长岁月里期待过会发生改变，但是你看到的却是变得更加冰冷的爱情。自己也被那冷酷刺伤，内心传来尖锐的疼痛、无边无际的孤独，以及因为痛苦发出的撕心裂肺的呻吟和颤动。

没关系的，现在你需要做出选择。如果你不曾被逼至痛苦的深渊，那么你便会选择永恒的痛苦，让自己身处悔恨的煎熬之中，整日以泪洗面。

虽然对当时那段非常相爱的时光充满了怀念与不舍，但尽管如此，你们的爱情还是不得不来到了终点。

为了不让美好的回忆都染上伤痛和怨恨，为了不去破坏掉这段美好，即使你的内心再不舍得，也只能选择分手。

所以，请你尽全力地告别这段感情吧。

这段感情所带给你的悔恨与不舍，会让你将来拥有更加幸福和成熟的爱情。

爱的领悟就是后悔与不舍，而打开幸福的大门就是告别这段感情。

所以没关系的，尽管很痛苦，但是真的没关系的。

为了更加幸福，你必须要经历当下的痛苦。这就是分手带给你的人生课题，所以你只要尽全力完成这个课题就可以了。

你有多痛苦，就会有多么大的成长，而随着你的成长，你的生活也将会变得更加美好。

你是如此美好，学习向着幸福前进。

为了遇到更好的人，为了永远地爱着、永远地被爱着，你必须要经历这份痛苦，你必须要选择去告别这段感情。

所以没关系的，尽管很痛苦，但真的没关系的。

希望你的分手能让你转身露出笑容，希望美好的回忆之花得以绽放。

希望你的分手有一天会带给你幸福，希望你能从其中学到灿烂的人生智慧。

所谓分手

他曾经是我深爱过的人，是我付出全部真心的人，是与我一起分享回忆的人，是和我在一起成为我们的人。

所以，和这份感情说再见真的令我好痛苦，我感觉自己的心好像被掏空了，实在撑不下去了。

不管这份爱情持续了多长时间，在分手的痛苦面前都显得无足轻重，因为重要的是你付出了多少真心。

你可能很想念那个曾经短暂相爱过的人，你也很可能非常后悔当初选择了分手。因为他是你曾经那么爱过，现在也如此爱着的人啊。

所谓分手，虽然过程太过痛苦，但也证明了你的成长。

因为你完全战胜了那长久相爱过的不舍。你曾经爱他胜过爱你自己，曾给了他你那一往情深的心，所以你要承受分手后随之而来的缺失感和悔恨，你还要收回那颗依赖他的心。

因为现在的你决定要独自一个人生活；因为这是在此之前想都不敢想过的分手啊。

所以，所谓分手是你决定要让自己成长起来。从当时那段全心全意爱过，也让你受伤过的感情里走出来，然后重新振作起来。你决定你要自己珍惜自己，自己爱自己。

我知道你会感到痛苦万分、疲惫不堪，所以我不会对你说："不要哭。为什么你一定要让自己这么辛苦呢？不要再这样了。"

尽管痛苦万分、疲惫不堪，也没关系的。如果你想哭的话，就痛痛快快地去大哭一场吧，这样才会把对这份感情剩下的不舍全部宣泄出来。请捧着你那颗疲惫不堪的心放声大哭吧。

就这样，似乎一切都过去了。你在分手之后，没了那颗濒死之心的羁绊，感到身心舒畅，但有时候蓦然袭来的不舍与悲伤还是会让你再次捶胸顿足、号啕大哭、痛苦万分。

没关系的。我也曾经这样过，这是一件再正常不过的事情。

如果你内心感到痛苦的话，就随它痛吧；如果你突然想哭的话，就去痛痛快快地哭好了。

就这样，去告别这段感情，去送走这段感情。

就这样，曾经充斥着那个人的心，现在为了新的相遇慢慢地腾出了空地。

虽然很难再次将自己的感情倾注到某个人的身上，虽然光是想想就会感到害怕，但你还是想慢慢地走向其他的缘分。

你听到了吗？那从远处向你走来的脚步声，还有那因为自己正在接近新人而发出的心跳声——你仔细听一听。

就这样，你完成了美丽的离别。

就这样，你挺过了分手的痛苦，成为了更加强大的自己，开始了一段更加美好的恋情。

虽然之前的感情给你带来了痛苦与悲伤，但也使得现在的你拥有了一双能识人的慧眼。就这样，你拥有了更加幸福的恋情。

你是为了获得幸福，是为了遇到更好的人，才会那么痛苦的啊。

所以，尽管很痛苦，甚至痛苦得想要死去也没关系的，真的没关系。

曾经爱情让你们成为一体，现在却再次分开，成为单独的个体。这时你不感到痛苦才会奇怪呢。

为了让你重新成为完整的自己，这份痛苦你是一定要去经历的。当初你有多么爱他，分手的时候你就会有多么痛。

挺过当下的痛苦，让自己再次完整起来。在这段时间里，新的缘分也会从远方向你奔赴而来。

现在仔细去听，那正在向你靠近的命运的悸动，你们两个那正在走向彼此的脚步声。

为了能够遇见彼此，只能去经历这份痛苦，只能挺过那段极其痛苦的时间。

新的相遇——由此开始；这次分手——就此结束。

治愈分手的痛苦

你曾经真正爱过的人看向你的眼神，你毫无保留地表达着一切的心，以及曾经紧握着你的那双温暖的手……尽管你嫉妒过，也争吵过，但这并不妨碍你曾经爱过啊。

就这样分手后，曾经的深情不再，这种缺失的感觉使你感到更加的孤独与痛苦。

你现在所思念的，是那个人吗？是你曾倾注了一切、现在却不见了的那段感情吗？

就这样，你的心里空落落的，你陷进了这凄凉的空虚感中。

你整日以泪洗面，对过去充满了迷恋，你好像快要疯了。你在心里想着自己太孤独、太累了，没有人能够懂你。

那个时候你安慰着自己，相信这一切是你的错觉，随着时间的流逝，一切都会好起来的。

就算时间治愈了你当下的痛苦和孤独，但如果你没有因此得到成长的话，将来你还是会因为同一处伤口而再次感到痛苦、孤独与疲惫。

你要挺过分手的痛苦，让自己成长起来。

为了成为更加优秀的自己，不再经历这种痛苦；为了能够拥有更加幸福的爱情，你所要相信的不是时间能够治愈一切，而是你要成长起来，让自己变得完整。

为了让你独自站起来，让你成为完整的自己，让你获得幸福，所以你才会经历这分手的痛苦。

一直以来，你爱别人胜过爱你自己，所以你没能好好照顾自己、爱自己。这段时间，你的心该有多么孤独啊。

因此，从现在开始，你要去珍惜自己，去爱自己，对自己说"很抱歉这段时间我没有陪你"。

然后一个人去看看电影，去咖啡馆看看书，去到处走走，去跟朋友聊聊，去吃很多好吃的，去给自己买漂亮的衣服和鞋子。你所做的这些事情都是你送给自己的礼物。

就这样，去真挚地安慰你的内心。

虽然当下的你会感到有些孤独与痛苦，但这都是为了让你变得更加幸福，为了让你拥有更美好的爱情，为了让你遇到更加珍惜你、更加爱你的真正的缘分。

所以没关系的，即使有些孤单和疲累也没关系的。

去拥抱这段时间独自一人的你吧。

现在请去安慰、去爱那个为了爱别人而被独自留下的自己吧。

现在的痛苦是你的心在告诉你："从现在开始，请珍惜我、爱我吧。就这样，请让自己变得完整吧。希望你能成长为更加耀眼的存在啊。"

没关系的，尽管很痛苦，也没关系的。

我真心希望你能通过这次的分手，通过经历这份痛苦而让自己成长起来，成为更加完整的自己，成为更加灿烂耀眼的自己。下次你的爱情一定能结出更加成熟的幸福果实，加油。

变得熟悉这件事

你之前说在一起生活了几年的夫妻会开始厌倦彼此，因为掌握了对方的反应或是受不了对方的习惯，而我的想法则刚好相反。如果我对一个人了如指掌，那么我会爱到无法自拔。他梳什么发型，那天穿哪件衬衫，清楚地知道在各种场合下他会讲的故事。我深爱别人的时候肯定是这样。

——《爱在黎明破晓前》

从那产生悸动的爱情序幕开始，我们耳鬓厮磨，在不知不觉间成了彼此生命中温暖熟悉的珍贵存在。

绝对不会做出那种悲剧般的愚蠢行为——因为对最了解自己的人产生了厌倦感而去寻找其他的新鲜刺激。

如果因为与真爱长久的相处让你失去了新鲜感，让你渐渐变得淡漠，那么我想我可以明确地告诉你：即使你去寻找其他的新鲜感，无论是什么样的新鲜感都只会让你感到更空虚而已，你终究不会得到满足。总有一天你会陷入彷徨无措的境地，懊悔不已。因为犯错的不是真诚又珍贵的对方，而是你那沉浸在熟悉感所带来的惰性中的心。

变得熟悉这件事并不是说两个人会因为没什么新鲜感而厌倦起这段感情，而是说因为对彼此非常了解，所以能够去信任彼此；因为两个人培养出了默契，所以能够深深地理解彼此；因为长久的相处，所以彼此共同拥有很多美好的回忆，两个人在一起创造那些回忆的同时也渐渐成为一个整体，所以这份爱情才能被称为真爱。变得熟悉这件事情本身就是一件非常珍贵和令人惊叹的礼物啊。

能够一起久久地牵着彼此的手走过属于我们的人生道路是何其美好的一件事情啊。

请不要认为拥有这份熟悉感是一件理所当然的事情，请你加倍珍惜、加倍真诚地去对待这份珍贵的礼物。

虽然有时候我们会吵架，也会闹别扭，但是即便如此我们也没有选择分开，而是一直努力去理解彼此。

不完整的你和我通过彼此为这份爱情所做出的努力而组成了一朵全新又完整的花，开始绽放出光芒。

就这样，我们比任何人都要了解彼此，我们感同身受着彼此的情感与痛苦，成了对彼此而言可靠又温暖的怀抱，相互安慰着。

还有，因为我知道身旁有你的陪伴，所以我们爱情的力量让我战胜了那些自己曾经不敢面对的艰难的人生考验。

为了不让我把一直带给我勇气的你当作一种习以为常

的存在，为了不让那珍贵的爱意枯萎，我将会时刻对你抱有感激之情。

因为这份感激，我努力地想为你带来快乐，这份努力的结果也让我们更加理解和珍惜彼此，让我们成了彼此生命中不可缺少又不容错过的珍贵存在，让我们全心全意地爱着彼此。

无论何时我都会把对这份爱的恳切感铭刻在自己的内心深处，你的存在本身就让我的人生充满了奇迹。我想对你说，为了今后能够给你带来快乐，我会一心一意地爱你。

因为相爱，所以不是勉强为之，而是理所当然地为了给彼此带来快乐而去努力。

就这样彼此奉献、彼此关怀，我们的爱情也因此成了一朵永不凋零的花，美丽地绽放着，散发出更加幽远的香气。

虽然这并不常见，但真爱就是这样子的，所以真爱才会显得如此特别，所以我们才会恳切地期待真爱，所以我们才会一生都在渴望真爱降临到自己身上。

如果我们能将这种心情铭刻于心，然后去珍爱彼此的话，我们就不会被熟悉感所迷惑而失去彼此了。

不管你现在正在经历着什么，是疲累，还是开心，哪怕你现在面临着自己无法承受的沉重考验，但如果我们能够牵着彼此的手，一起用爱去战胜这考验的话；如果我们能够就这样成为一个整体，彼此携手共同成长的话，任何艰难的路你我都会风轻云淡地走下去。这就是长久的爱情所带给你的力量。

不管我们走过怎样一条道路，这条路都会成为我们美好的爱情回忆。这些美好回忆也加深了我们对彼此的责任感和信任感——那种谁都无法将我们彼此分开的责任感和信任感。比起一时的心动刺激，能够给予我们理解与安慰，让我们感到既温暖又心安，这才会让我们沉浸在这爱意之中，永远地相爱下去。

　　因此，双方变得熟悉起来这件事情其实是一种更加珍贵的存在。为了感谢这令人激动的奇迹，我们应该更加珍视在感情中彼此变得熟悉这件事情。

克服不舍

恋爱期间和对方争吵着，就这样相互伤害着，号啕大哭着。

但即使对对方充满了怨恨，即使感到痛苦至极，你也从来没想过要选择分手。

你爱着的是此刻吗？还是那个让你感到非常幸福的曾经呢？

你渴望再回到曾经那个时候，在这种思念和不舍的波涛中你挣扎着，舔舐着伤口，继续着当下这段感情。或许你现在所深爱着的，并不是眼前这个人，而是那个你曾经深爱过的他，又或者是你们曾经那段彼此热恋过的青涩回忆，不是吗？

那么你所深爱着的，并不是你眼前的这个人，而是和这个人一起创造出来的那些点滴回忆啊。

虽然你面前这个人和你所爱之人长得一模一样，但是你曾爱过的那个人，那个曾爱过你的人已经从这个世界上消失不见了。

如果你所爱着的，并不是这个此刻站在你面前的人，而是这个人曾经深爱过你的那些回忆；是和这个只存在于你想象中的，现在已经消失不见了的，曾经的他所谈过的那段恋爱。尽管如此，你还是因为舍不得曾经的爱情而让自己无法下定决心果断分手的话，为了你自己的幸福，请选择跟这段感情说再见吧。

虽然你曾爱过的那个人，也就是曾爱过你的那个人，他和此刻站在你面前的这个人长得一模一样，但是他的本质、他内在的一切都已经发生了变化。所以你现在所爱着的，只不过是你的错觉而已。

眼前的这个人看上去似乎还是那个曾对你微笑着的人，似乎还是那个为了你什么都能做的人，但是这个人对你的"心"已经消失不见了。所以现在的这个人已经不是曾经那个时候的他了。

你所爱着的，并不是此刻站在你面前的这个人，而是那个已经消失了的、曾经爱过你的人的残影罢了。所以你同样也应该将这个已经离开了你的人送离你的世界。

这个人在和你相处的过程中变得有些神经质起来；对你所表达出来的爱意无动于衷；对你的日常生活和所承受的压力都毫无兴趣；比起看着你的眼睛和你聊走心的话语，他更爱你的身体。但即使恋爱中幸福的感觉已经消失殆尽，你还是坚信这个已经变了的人会重新变回来；你舍不得曾经漫长岁月里的那份爱意，以及那段漫长的岁月；你对那段他曾深爱你的回忆充满了想念，所以你选择怀着他带给你的所有伤痛等待着他回到从前，选择依然爱着他。

他曾经会用充满爱意的眼神看着你，曾经会因为担心你而陪在你身旁，曾经会认真听你讲话，曾经会和你一起哭、和你一起笑……现在想起那个人曾经的模样，你好像还是会禁不住嘴角向上扬起。

但是现在你明白了，你所爱着的，并不是你面前的这个人，而是那个只存在于你回忆中的、曾经的他罢了。

至今为止，因为自己的这个"错觉"，你伤痕累累；因为爱着这个伤害你的人，你那么痛苦、那么疲累。

现在请在这份伤痛中守护好你自己吧，收起你那所有的错觉和幻想，现在请去珍惜、去爱一直以来都在痛苦中挣扎的自己吧。

向着真挚的爱情前进

　　在我们感情尚未成熟的心中，在我们亲切的假面之下，藏得严严实实的是我们不曾表露出来的愤怒和对他人的怨恨，像是进入了休眠期的火山一样等待着爆发。

　　为了在社会中守护好自己，我们面带微笑，不能随心所欲地表达自己的愤怒。为了转移这种无法消解的情绪，我们在遇到一个可以互相展露自己不成熟的人之后，很长的一段时间里，双方都会把这种感情释放给彼此。

　　通常人们会在不需要合群的家庭空间里，通过相识已久、彼此之间毫无芥蒂的朋友，或者通过现在自己所深爱的恋人来疏解这种不成熟的情绪。

　　你向着所爱之人发泄着心中的怨恨，甚至和他大吵一架。让自己变得坦率一些，去问问你自己，你其实也在不知不觉中暗暗地享受着这一切吧？

　　成熟的人之间的爱情会以尊重和理解为基础，通过对彼此的支持和信赖来表达爱意。比起争吵和闹别扭，更愿意给予彼此安慰和力量。就这样，相互鼓励着，携手一起成长下去。

你现在的爱情是什么样子的呢?

我认为一个人会冲着某个人发脾气，会埋怨某个人，其实不是因为发生了令他生气和令他埋怨的事情，而只是因为这个人本身就是一个爱发脾气和爱埋怨的人。

就像进入休眠期的火山岩浆因为无法承受某个阶段的温度而爆发了一样，心中常怀愤怒和怨恨的人到了某个合适的时机就会寻找一个合适的对象，再用合适的借口和合适的理由去发泄自己心中积攒的情绪。

当自己的恋人成为这个合适的对象时，你们的爱情是绝对不会让你们成长，绝对不会让你们幸福的。

如果你们真的很想谈一场幸福的恋爱，那么需要你诚实地审视一下自己，确定自己没有在暗暗地享受那种发泄情绪的感觉，然后再继续朝着自己喜欢的人走去。

因为爱着对方，所以就连对方的缺点也会原原本本地爱着;因为爱着对方，所以分担对方的沉重压力也会让我感到很快乐;因为爱着对方，所以对方的幸福就是我的幸福;因为爱着对方，所以为了成为彼此的快乐与幸福，我甘愿奉献自己……只有这样真挚的爱情才会疏解你全部的情绪和心结，才会引导你和你的恋人成为幸福的存在。

英国剧作家彼得·乌斯蒂诺夫说: "爱是一种无止境地进行宽恕的行为，是被习惯固化的随和表情。"

爱情是彼此用喜悦凝成的永恒之花，有着永远的随和与温柔。

成长过程中充满了人情味的人们，他们的爱情里满是对彼此的爱意，令人羡慕不已。他们周围的人也被这幸福浸染着、激励着。

有句话说"坏的是男人，强势的是女人"，其实这句话指的是那些心胸狭窄且态度不成熟的人。

会吸引到这样的人也反向证实了你自身其实也尚未成熟。

如果当你面对对方充满爱意的眼神、受到温柔的对待时，比起感到自己是一个被爱的存在，更觉得这让你感到无比肉麻，想要找个地方躲起来，又或者觉得无聊的话，那么和被这样的你吸引来的人谈恋爱最终会因为缺乏理解和不够相爱而频繁发生争吵。你们偏执、试图控制彼此，这样的关系令人窒息，你们周身的气氛更是令人压抑……因此，你们的爱情就这样草草结束了，徒留一地的痛苦与悔恨。

如果这份痛苦和悔恨并不能让你成长的话，那么以后吸引到你的人还是会和从前一样，那时你们恋爱的结局还是会和现在一样，不会有任何的变化。

最终你为了不让自己继续陷在那份痛苦和悔恨中，选择让自己身处那令人焦躁的怨恨中，不是吗？

如果你真的想获得幸福的话，如果你渴望用那种付出一颗真心去对待彼此的方式获得真爱的话，那么现在就不要在成长的大门前踌躇不前了。

成长就是努力选择去爱，努力放手不爱。

让自己选择宽恕与爱，亲切与分享，利他之心与关怀，感同身受与安慰，称赞对方积极的一面，希望和勇气，谦逊温暖的笑容，感恩的心，真诚又无私的态度，通过不断的正面反馈，相互鼓励着彼此。

怨恨与愤怒，猜忌与嫉妒，占有与执着，诋毁与嘲笑，欲望与自私，傲慢与偏执，用神经质的态度指责对方的缺点等，将这些遮盖住你原本美好的负面心态一一收回。

真正美好的爱情是以温柔暖心的态度为基础，努力为彼此带来喜悦，一起成长的爱情。希望你能够拥有那样真挚的爱情，希望你能因此获得幸福。

关于两个人在一起这件事

关于两个人在一起这件事，是用你的颜色和我的颜色去渲染一张什么都没画的空白画纸，并将其作为双方一生的事业。

就这样，两个人共同完成了一幅画。这是一件多么美好的事情啊！

曾经，你是你，我是我，如今成了我们。我们一起用爱去描绘那将会成为我们美好回忆的画。这不是一件令人心动又令人着迷的事情吗？

就这样渗透进彼此的生活，成为彼此的一部分。至此，在我们接下来要走的人生路上，我们将不再形单影只，而是两个人一起去克服困难、去战胜困难，这是一件多么令人心安的事情啊。

因此试着勾勒出一幅相互安慰、相互加油打气，为彼此带来喜悦的美好爱情的图画吧。

就把此刻手中的画纸当成今后你所能拥有的唯一一张白纸，去尽力画出爱情的图画吧。

去成为彼此唯一坚实的后盾吧。当自己感到无依无靠，感到疲惫不堪的时候，作为我唯一爱着的人，对方成了我唯一的安慰；在发生了开心的事情时，在这个充满嫉妒的世界里，对方成了唯一真心替我感到开心的存在。去拥有像这样一般的真正的爱情吧。

两个人携手挺过所有的考验，就这样一起成长，一起走完这一生。

你爱的人牵着你的手，注视着你的眼睛对你说："加油，有我呢，让我们一起去面对吧。"如果这个世界有这样真心爱你、真心珍惜你的人陪在你的身边，那又有什么好怕的呢？

你现在所描绘的爱情画纸上是怎样一幅景象呢？

因为对对方充满愤怒和怨恨，这段感情布满裂痕；为了疏解欲望而开始一段感情，最初的那份热情已经渐渐地消退；现在的这句"我爱你"不再是你发自内心想对我说的，而是为敷衍我，不带有爱意的随口一提；就这样互相望着对方，眼神中充满了无聊与厌恶……你当下所描绘的是不是这样一幅令人感到痛苦的画面呢？

人们在这种时候经常会这样来辩解：爱情也是有保质期的，我们的爱情不过是命数尽了而已。

但是，我看过的很多爱情都并非如此啊。

我看过很多这样的爱情，他们让自己成了一束永不熄灭的光去照亮对方，就这样一生都在爱着彼此。

爱情的凋零是表明你们还没有成熟的证据，成熟的人之间的爱情是只想给对方带来快乐的爱情。

为了那个人奉献自己，这也是为了我；为了那个人而去做某件事情的时间，这也是让我感到幸福的时间；我深爱着的那个人，也同样深爱着我，因为这个奇迹，我的内心满是感激。这种爱情永不凋零。

就这样，这爱情让我们彼此携手，共同成长起来，直到生命的结束。

希望你的画作是用浸透着美好爱情的笔完成的，希望现在的你所拥有的爱情会像这最后一张画纸上描绘的那般幸福，希望你的爱情会因为你的成长而成为一束永不熄灭的光。

我全心全意地爱你，只想让微笑的花朵在你的脸上绽放，因为你的快乐就是我的快乐。

在你柔情似水的眼神中，我想成为你的所爱之人，荡漾其中，因为我希望你能够永远地注视着我。

当你因为痛苦而犹豫不决、疲惫不堪的时候，我向上天祈祷，希望能替你承受那些难过，因为看到你痛苦的样子我会更加痛苦。

明明你就在我的眼前，可我还是很想你；明明这一整天我都在看着你，可我还是很想你，因为你让我明白了什么是"即使你在身边，但我依旧想念你"。

想霸占着你看向其他地方的时间，想你的眼中只有我，因为你让我明白了什么是"想活在你的眼睛里"。

"我很想你"这句话不足以表达我有多想你，"我想和你在一起"这句话不足以表达我有多想和你在一起，"我爱你"这句话不足以表达我有多爱你。

即使当你感到不耐烦的时候，我也会牵着你的手。我会全心全意地拥抱你，亲吻你。

早上起床后，我久久地看着还没睡醒的你。你是如此的漂亮又惹人喜欢，有这样的你在我身边让我感到好幸福。我哼着歌把你叫醒，你皱着眉头喃喃地说着话，就连你这个样子都让我好喜欢，我会亲吻着你。

你所有可爱的瞬间，哪怕是一瞬间我都不想错过。所以我望着你，继续望着你；思念着你，继续思念着你。就这样我成了你，你成了我，我们不再是两个单独的个体，而是成了一个整体。就让我们这样永远地珍惜彼此，永远地相爱下去吧。

为了你，也是为了我；为了我，也是为了你。就让我们这样用爱去打破横亘在我们之间的界限，给彼此带来快乐，永远珍惜彼此，永远相爱下去吧。

我爱你，爱这个为了遵守与我的长期约定，即使在这险峻的人生路上，也依旧等我的你。

我爱你，因为太爱你了，所以下辈子也要继续去爱你。我向上天祈求，让我下辈子也要与你相遇。我每天都会祈祷我与你的缘分能够延续下去。

我爱你，我将永远只爱你，即使宇宙毁灭，直到那一刻，我也永远只爱你一个，你成了我活在这个世界上的动力。

我爱你，因为太爱你了，任何感情都表达不出我爱你的万分之一。

我爱你，因为太爱你了，任何行动都表达不出我爱你的万分之一。

我因此而郁闷不已，又无可奈何。我爱你，内心充满了悸动。

就算牵着你的手，就算将你拥入怀中，这份爱的悸动依旧充斥着我的心头，无法消解。我爱你，心中充满了酸胀的爱意。

请和我在一起吧，永远地，只和我在一起。

成为世界上最幸福的女人很简单，你只需要牵着我的手就足够了；成为世界上最幸福的男人很简单，你只需要牵着我的手就足够了。

所以，请牵着我的手。

为了使我可以说出"我爱你，我将永远爱你"这句话，请允许我成为你的人，也请允许你成为我的人。就这样，让我们一起描绘出美丽的画卷吧。

即使当悲伤的箭矢射入我们的心脏而让我们倒下的时候，我们只要牵着彼此的手，就能重新站起来。

当我们在严酷的考验之林中徘徊的时候，我们只要牵着彼此的手，就能顺利找到方向，走出这片森林。

让我们牵着彼此的手描绘出这个世界上最美丽的画卷吧。

实际上，我确信这张现在摆在我们面前的画纸已经是第 N 张画纸了，并且我们将来还会继续描绘出只属于我们两个的画卷，直到下辈子，下下辈子，永远……

今天的我比昨天还要爱你，明天的我比今天还要爱你。我爱你，永远爱你。

还有十二篇爱情小诗

当陷入爱河时，

人人都是诗人，

世界也会变得美好起来。

——《邮差》

爱一个人，

就去听他心里的诗歌，

把这诗歌当作自己的作品那般烂熟于心。

所以当他忘记了这首诗歌时，

就讲给他听。

——柳时和《如果诗人编撰了词典》

将你的爱情谱写成诗

那会使你的回忆变得美丽

就这样，成为一个诗人

用你那炙热的心，去热烈地爱着

大声歌唱那份热情与痛苦

1.

有一天，围绕着你的心爆发了战争

我是一个篡夺者，志在占领你那颗坚不可摧的心

你，竖起那高不可攀的城墙，

关上那庄重浑厚、坚不可摧的心之铁门

阻挡着我前进

你，用毒舌之箭，血染篡夺者的心脏

果断发射炮火，摧毁战士们的希望

但是这位诗人的心只为你

你，绝对抵挡不了我的进攻

派出甜蜜的隐喻之兵将你的城墙拆掉

用猛烈的明喻之拳将你紧闭的大门敞开

你对我的警告之言成为赞歌的瀑布飞泉

如同从口中涌出一般，

我，要将你诱惑

我会使你比现在更加美丽

如果你真心应允，我便会马上发动攻击

只为你

我的爱与美的女神

2.

这飕飕的凉风

不是说和夏天一样吗？

呼——呼，呼——呼

夏天

因为忍受不了没有炎热

落荒而逃

曾经爱过夏天的树

被夏天的爱情背叛

凄凉地摇晃着

当树叶从绿色

变成黄色

掉落至地上

凄凉地打着旋儿时

为了反抗这股凄冷

在一切都脱下了遮挡

褪去了原有的颜色时

在我心里

只有你没有凋零

永远地葆有绿色，永远地生机勃勃

3.

很多人

就像点缀在天空中的繁星一样

这其中包括我和你

我爱你这句话

不是面向你，而是面向每一颗星星

盛开出代表着千万种可能的花

但今天的风

今天的太阳，今天的所有

我的心，都面向你

无数纷飞的偶然之花

在命运如此密集的倾斜之中

向着你，仰起了头

就这样，面向每一颗星星的孤独

化作了只面向你的

爱情的，命运的花朵

所有的一切都像巧合一般

回顾过去，仿佛是无可奈何的恋人

就这样，我们成了面向彼此的星星之花

黑色画布上的银河

你和我

还有在这宇宙中扎根的花朵

因为那个假装成巧合的必然宇宙

就这样

我们变成了一个地球

现在去说吧

说我只会爱你

说我只会为你敞开心扉

4.

我不是为了暂时逃避这个无情又漆黑的夜晚

而用爱繁星之心去爱你的

深夜的孤独与寂寞并不是谁都可以驱散

前提是只有你，能唤起这脆弱的心

我也并不是面向所有人敞开心扉的

照亮夜空的无数星星中

我并不是用其中一束星光去爱着你的

而是用这颗只有你的心，热烈又真挚地爱着你

我将你视为那夜空中唯一散发着光芒的皎洁明月

我全心全意向着那唯一的月光，怀着这种恳切的心情

我对你心生向往

我爱你

请在我漆黑的世界里照亮我吧

如果没有你，谁都无法将我照亮

我第一次见到你的那一天，那些曾支撑起夜晚世界的

闪烁着朦胧光亮的星星开始动摇着、呻吟着

夜空因再也无法支撑下去而颤抖不已

整个苍穹陷入猛烈的震动之中

因而星星哗啦啦地化身流星倾泻而下

我心中唯一剩下的光

是你的月光

哦，你是我的拯救者

用一个短暂的呼吸

将压抑了一生的寂寥黑暗的帷幕收起

是唯一的一个热切照亮我黑暗的人

回来的夜晚我要给你写信

我爱你，我只会爱你一个

我希望你万万不要驱逐这个迫切的灵魂

我用星星无法理解的月亮的语言写信给你

今晚就要把这封为你而写的信寄给你

希望我的这份迫切能够抵达穹汉之顶

希望你能够成为我唯一的明月，萦绕我心

希望我可以这样去爱你

5.

我爱过你

你没有爱过我

爱一个人没有任何理由

不爱的理由却有无数个

情况、条件和辩解都一一存在着

或许你爱过我

或许你不曾爱过我

这份"或许"使我产生了动摇

当深深迷恋着你的我走近你时

的确有的时候并没有走进你的内心

在那小小的旋涡和细微震动中

有时我会抓住你彷徨的心

有时却没有抓住

就这样，你被我抓住了

但有时你又远远地看着我

你的心虽然朝向我

但你的眼睛却向对面看去

内心中堆积如山的过往碎片

掩盖住了你的真心

我为了能够清晰地直视你的心

在你我之间画上了直线，就这样猛烈地爱着你

但是你并没有因为他人的行为而动摇自己的心

你攥着那块碎片，不知道要放开手

那块碎片的尖锐棱角

划伤了你的手，虽然它让你痛苦

但你爱那碎片，也爱那怨恨

曾为你而画的直线

不知不觉变成了失去勇气的曲线

曾经那么单纯的爱情

也开始有了各种顾虑，开始变得有些艰难

这复杂的心境所产生的犹豫

让我无法再向你走去

但是我可以站在原地等待

我放开了你，但同时又没有放开你

虽然靠近变成了等待

直线变成了曲线

但我爱你的心没变

缘分使我把内心的绳索放到了你的身上

且永远不会收回

总有一天，当你记起我时

这绳索便能够让你找到我

为了使你在完成自己的事情之后

能够顺利找到我

我紧紧地握住这根绳索等待着

望着离我越来越远的你

我望着那根长长的绳索

想着这份等待也是另一种靠近

或许发生了一点儿变化或者很大的变化

又或许什么都不曾改变

6.

你盛开着娇嫩的鲜花

我化作一只蜜蜂向你飞来

被你甜美的香气和多彩的魅力所吸引

就这样，沉浸在爱情之中，热情地向你走去

当你柔弱的身体在风中摇曳

忐忑不安的情绪占据了我的内心

我担心你是否会被折断在这风雨之中

已经很美的你向着那终极的美丽走去

当各种昆虫和我的同类，以及飞鸟靠近你的时候

我担心会失去你而萦绕在你的身边

我经常会和我的敌人们进行激烈的战斗

有时台风袭来会威胁到你整个生命

有时干旱降临会令你饥渴难耐

我无法触碰到你这朵美丽的花

尽管我是微不足道的存在，但依旧爱着你

不是因为你的过去，也不是因为你的将来

而是不管怎样

仍然会怀着不屈不挠、坚定的心态走向你

在某个没有风的日子，你用自己的力量

倾斜着你美丽的脖颈，面向这样的我

我坐在你的身上，又或者是你的胸膛

此刻，你和我不再是两个单独的个体，

而是凝结成"我们"

我无法于台风剧烈的侵袭中救你

也无法在烈日炎炎中守护好你

但是我会在那凛冽的风中、炽热的空气中陪着你

我会用这份陪伴，永远守护着你的心

在你娇嫩的花瓣上留下我爱你的誓言

我和你变成了"我们"

我从徘徊在你身边的一个存在

变成了与你相守的唯一存在

虽然生涩，但我以诚挚的态度

誓死让我的爱情之花盛开在你的花里

就这样，我和你成了一体

柔弱但永远地成了一体

7.

我以为我不会再继续痛苦下去了

但我的心还是没有痊愈

失去你的那个夜晚，为了安慰自己空虚的内心

我望着天花板，苦苦地挣扎着

我的呼吸失去了深层的活力，静静地泪流满面

我吃了油腻的食物

增加了睡眠时间

驾车超速行驶

为区区一件小事大动肝火，还伤到了手

我变成了一个感伤的人，一个敏感的人

没有你的世界好空虚啊

早知如此，我宁愿自己不曾遇见过你

没有你的时候我过得也很好

你从我的世界里消失之后

我无法忍受你不在我身边

这痛苦插进我的内心深处，不断地折磨着我

你在我崩裂的内心缝隙中不停地来回穿梭

你曾在我身边过，又不曾在我身边过

你既存在过，又不曾存在过

在我体内流淌着的红色鲜血

依旧残忍地脉动不止地流向你

围绕着我的所有外部的空气

都扭曲成了对你的思念

你以一种非生命体的形式陪伴在我身旁

没有你的我，不再是我

将深深镌刻在我心里的你，从我的身上剔除

这是在屠杀我的每一寸皮肤、每一处脏器和每一份回忆

就这样，我还是没有痊愈

我爱你，一如既往地爱着你

在这惨淡的悲剧盛宴落幕的那天

那时的你、我将不会继续存在于这个世界上

我会永远和你在一起，我会永远想念你

8.

看似永恒的

爱情

也如同凄凉坠落的

落叶一般

褪了色，就结束了

我

给你的爱

和你

给我的爱

因为多少的差异

引起了崩裂

在这裂开的缝隙中

充满了

孤独与寂寞

为了填满那个缝隙

我试着不断挣扎

看着那个连我都不认识的自己

用满满的想象力

试着去更加爱你

但是离开过一次的心

就再也抓不住了

裂开过一次的缝隙

就再也填不上了

就这样

看似永恒的爱情

也结束了

我哭了又哭

哭了又哭

我爱的人

也爱着我的奇迹

并没有发生

在这样命运般的相遇

和绝望般的分别之间

像泪水一样的流星

如同一滴露水

从天上

无力地，特别无力地

坠落

我很爱你

但是离别后

我要对将要流下的泪水

和因思念你而痛苦的岁月负责

虽然在这个觉悟和责任的尽头

总是显现着

我们美好回忆的画面

如同一篇美丽的童话故事

我内心每个地方都在流着眼泪

尽管如此，我也要送你离开

因为在爱情里的责任

和分手后的责任

两者

无论何时

都要一视同仁

9.

如此猛烈的台风

裹挟着酷夏里所有的热情

向着另一个大陆远去

虽然现在看不到也听不到

那似乎永远也不会消失的风和粗砺的雨

但仍然能够感受到那茫然的恐惧和巨大的热情

并且在台风离去后的凉爽中

在被摧毁的大地和人类的建筑物中

或许在这一切中都留有痕迹

所以这不是说已经走远了，现在已经过去了

就能忘记的事情

就像离开了我的你，似乎不曾离开过我一样

凉爽的风宣告着秋天即将到来

和你约定要永远相爱的我

在这个凄凉的季节里想念着你

一定要陪在身边才是爱情吗？

有时离开之所以重要

难道不是因为教会了我们所不知道的依恋和珍贵吗？

虽然台风带着夏天远去

但是你的心并没有被夺走，依旧珍藏在我的心里

还有，我依然爱你

一如往昔

10.

今年的夏天我要这样来形容——

因为太阳的无情离别

而使我的心被灼伤的夏天

你有时会在你语言的翅膀上

抹上甜蜜的蜂蜜，向着我的心

轻轻地飞来，小憩片刻

每当口渴的时候，你会用锋利的喙

在我的心脏上开个洞，喝着我的鲜血

纾解你那无尽的口渴

就这样，你把我的一部分夺走

让它成了你的，彻底属于你

让我不再是我，让我成了你的一部分……

你是抢夺我心的劫匪

不，你是把所有人的心都偷走了的甜蜜盗贼

神不知鬼不觉地悄悄靠近

你把所有人的心都放在你的心上

没有痕迹，没有影踪，没有指纹

你就是消失在某处的偷心盗贼

就这样，我与你分开了

我在不知不觉间爱上了你

你却在不知不觉间离开了我

我的血液随着你的脉搏流动

在这无数颗心的血液之中

微不足道

虽然我属于你

但你却不属于我

也不属于任何人

就这样，我和你分开了

你在不知不觉间留下我一个人

但我被你夺走的鲜血

却依旧存活在你的心中

我依旧爱着你

依旧还处在与你的离别中

就这样，今年的夏天是一个

因为太阳的无情离别

而使我的心被灼伤的夏天

11.

寒气袭人的冷风

化身冷酷的清洁工

猛烈地扫过

散落在街上的落叶

就这样，送走了秋天

就这样，迎来了冬天

就这样，送走了爱情

就这样，迎来了空虚

在激烈的变化中

茫然无措的落叶们

钻进我的内心之中

从这个世界上消失得无影无踪

我内心中残余的寂寞回忆

摆脱掉了那无力又干燥的黄色

变成了冰冷的冰柱碎片

撕碎了我的所有

就这样，我的鲜血将秋天的尽头

染成了超越时空的红色

所有的一切，所有的地方，每时每刻

就这样，整个宇宙都被这红色的鲜血染上了颜色

我依然爱着你

在这遍布各处的红色血液中

我们的回忆仿佛就在眼前

我怎么能忘记你呢

我在任何形态的存在中

寻找着你

我在任何时间的节点上

寻找着你

我在任何空间的分支上

寻找着你

我在所有被伪装成肤浅模样的深渊之下

寻找着被隐藏起来的你

我怎能忘记你

新季节的到来

因为你，让人生出虚妄的念头

这个新的季节不是你而产生的虚妄

就这样，秋天所有的痕迹都被冬天

冷酷无情地抹去了

但我不能将你和它一起抹去

我依旧在虚妄的森林中徘徊

永远无法忘记你而产生的虚妄

无法断然送你离开而产生的虚妄

绝对不可替代而产生的虚妄

如此痴痴地不舍而产生的虚妄

告别心爱之人

是一件使人感到如此空虚，让人生出这般虚妄的事情

不管迎来怎样的冬天

我只会更加思念你

这是我永远不会抹去的虚妄

12.

浪漫的春天

炎热的夏天

当我的手第一次触碰你的时候

突然那如同你的手一般，又小又白的雪落下

我的心被猛地冻住了

那份紧张感立刻蔓延到了全身

那一刻，我唯一能做的就是盯着你的眼睛

并且当你的手触碰到我时

冬天永远地消失了

温暖的春天来到了我的身边

你在那个季节里，把我拥入怀中

将我的一切，这世上的一切

温暖地浸染着，使我们变得柔软

我不清楚你的声音

也不知道你真实的模样

但是我能感受到你内在的天真

想象着你看着我，像小天使一样纯真地说着话

我在这个假象中渴望着你

因为我希望你能爱我

漆黑的夜空中

星星像瀑布一样倾泻下来，亲吻着我

你就像星星一样，闪耀着光芒降落

许多星星从我身边掠过，轻轻落下

但我只能找到属于你的这颗星星

因为你活在我的眼中

第一次见到你的那个夏天

你送了我一个连心脏都要被冻僵的冬天

后来我们如同在春天一般

彼此直率而又热烈地相爱着

没有你的世界

是落叶凄凉地打着旋儿的悲伤的秋天

所以你和我要在这永远的春天里彼此相爱

和我关系很好的姐姐

终于结束了八年的恋爱长跑

举行了婚礼

姐姐曾经问过我：

"一年谈八次恋爱，是不是代表了这个人很擅长谈恋爱呢？"

"八年一直维持着同一段感情，又算不算得上是一件好事呢？"

我怎么想都觉得后者是对的

昨晚我冒出这样的念头——

我也想谈那样的恋爱，我也想拥有那样的恋爱

某一天想恋爱的心情快要抑制不住了

却还是不敢去谈

那天我安慰着入睡的自己

会有那种尽管如此也向我靠近的人

尽管如此我也会去靠近的人

这是命中注定的缘分吧

接着就会问自己到底是什么时候呢？

是不是像今天这样天气晴朗、风和日丽的日子？

我仿佛听到不知从哪里传来的

向我走来的脚步声

我和你，你和我

面对面站着，没来由地紧张

我们一直以来忘记的长久约定

在隐约记起的瞬间，彼此都朝着对方露出了笑容

3 · 致苦恼的你

我，用我满腔真诚去倾听你的故事，用想要带给你温暖力量的那份诚恳的真心写下一些文字安慰你。

　　虽或许这些文字在你当下痛苦不已的现实中，一点儿也打动不了你，但我还是想对正处在痛苦之中的你有所帮助，想要安慰你，想要带给你力量。

　　我相信我的这份真诚会触动你的内心。

　　因为最终让你感到辛苦的是当你倾诉自己的痛苦时，周围人那毫不在意的态度。

　　因为让你感到痛苦的是周围人那敷衍的冷漠态度。

　　所以我用我的真心来安慰你。

因为爱情陷入苦恼的时候

Q：我在读完作家今天上传的文章《缝好爱情的第一颗纽扣》之后不禁泪流满面。一直以来我好像就是那样，为了很好地表现自己而将自己打扮得光鲜亮丽。现在因为这篇文章，我产生了以后要用我原本真实的样子去爱与被爱的想法。真的非常感谢您。

A：看到我的文章能够带给你心灵上的慰藉，我感到既幸福又温暖。我希望你能遇见一个温柔的人，这个人能够充分了解到现在真实的你有多么美好、有多么美丽。曾经，为了在初次见面的时候能够展现出更好的自己，而开始戴上面具，扮演着另一个人，却最终酿成了一场悲剧——我身为主人公，却没有了自我。于是这出戏便匆匆落下了帷幕，徒留一地痛苦。要先珍惜自己，先去爱自己。当我明白了自身的珍贵，当我去珍惜这样真实的自己，去爱这样真实的自己时，我也可以向对方落落大方地展示如此真实的自己。

只有珍惜真实的自己、去爱真实的自己，才能迈出爱情的第一步。在延续这份爱情的过程中，你不会因为无法展现真实的自己而感到空虚，不会因为没有人来爱真实的自己而感到悲伤。因为你这光鲜亮丽的面具总会有被摘下的一天。届时，如果对方看到真实的你，可能会失望地离你远去。但是如果从一开始这个人喜欢上的就是真实的你，爱上的也是真实的你，那么你就会在这个人面前永远地，以你真实的样子被他爱着，以你真实的样子爱着他。这对我们来说是一件多么快乐和幸福的事情啊，多么让人感到欣慰啊。

没有真心，一切事物都会使我感到空虚。不管是一份工作，还是一段关系，又或者是爱情，我是说这所有的一切。我们的心总是希望我们能够做回真正的自己，希望我们能够珍惜真实的自己，去爱真实的自己，所以它用空虚和孤独所带来的痛苦向我们发出信号——现在请做回真正的自己，并因此而变得幸福吧，不要再去选择做那些让自己遭受痛苦的虚假之事了。就让我们重拾自己的真心，真诚拥抱我们那一直以来连自己都不曾去爱过的真实的样子吧。所以，我衷心希望你的生活能够更加丰盛，你的人生能够更加幸福。用真实的自己去爱人，也一定会有人爱你真实的样子。我将永远支持你。

Q: 除了我，朋友们都在谈恋爱，所以我感到很孤独，很辛苦，但又不想跟任何人交往。请问我该怎么办呢？

A: 不要太过于着急。在还没了解对方是什么人之前，孤独感也许会使你就这样随随便便地选择了这个人，而且这样开始的感情很大概率最终会以互相埋怨而结束。感情这回事，缘分到了，爱情也一定会来。所以尽你最大的努力去过好自己的生活，活出真正的自己。就这样，去用一腔真诚让我们的人生之花美丽地绽放。被这人生之花的香气所吸引的人自然会长途跋涉来寻找你，你自然也会向这样一个人走去。如果是这种缘分的话，那么当下的这一切都值得你去等待啊。

当下，你也正在向他走去，他也正在向你走来，你们正走在向着彼此奔赴的路上。在这个过程中，哪怕只有一点点，为了成为更优秀的彼此，通过完成人生中的诸多课题，你们都在各自的位置上逐渐变得成熟。我希望你不要在茫茫人海中和一个难耐寂寞的人相爱，而要和一个此生让你着迷不已的、非这个人不可的人开始一段感情。自己真心爱着的那个人，也真心地爱着自己。当这个奇迹发生，缘分的花含苞待放的时候告诉他："你为了走向我，这段时间一定吃了很多苦吧？现在让我们紧紧地牵住彼此的手，不要再放开了，就这样一直幸福下去吧。"如果是这样的爱情，那么完全值得我们忍住当下的孤独，去等待它的到来。如果因为孤独，而选择和一些根本不知道会不会珍惜你的人在一起，这不值得。因为你是非常珍贵的人啊。衷心希望你能够拥有这样美丽的爱情，我将永远支持你。

Q：因为有时需要着急定下来一些东西，所以这种时候我就会感到心慌意乱，同时会一遍遍对自己说："我要这样做，我必须这样做。"这种态度如果是事关我的未来，那么我还能接受，但是如果在男女关系上也被这种框架所束缚的话，我会感到非常痛苦，所以我的情绪起伏好像也比较严重。请问这个时候有什么好的办法吗？

A：你换个角度去看待这个问题怎么样？没关系的。在组装一些器具的时候，有些人需要先看说明书，也有些人会凭感觉直接上手组装。这不是正确与否的问题，只是大家在面对某种情况时看待问题的方式不一样而已。没有关系，正是由于存在这种框架的束缚，我们才会更加谨慎行事。比起执着于自己的不足之处，也可以多看看自己的长处啊。

我希望你先放下你对这框架的负面判断，也不要因此让自己产生罪恶感，你只是在接纳真实的自己而已。不妨放下心中的这些消极想法，就以这样子的自己去做一次自己感兴趣的事情。在这个过程中你会经历很多事情，会有让你痛苦的瞬间，也会有让你大显身手的时刻。在亲身经历之后，你会拥有自己的感受。如果这时还有需要你改正的地方，那么这次你会毫不犹豫地做出改变。如果某件事情让我们感到痛苦的话，那么当我们再次遇到相似的事情，有了这次的经验，我们就会选择其他的解决方式。如此一来，我们就会以自己在实际生活中所感受到和学习到的经验为基础，培养起自己的内涵和自尊感。

　　现在就请暂时放下你对自己生活方式的判断，以真实的自己去面对生活吧，然后就这样一直不断地学习。如果我们所选择的某种生活方式，我们所具有的某种特质会让我们陷入痛苦之中，那么我们自然会果断选择其他的生活方式，并改变自己的这种特质。当小孩子不小心触碰到了烧得滚烫的热锅，被烫伤之后他再遇到这种情况时，就会首先确认自己面前的锅是不是烫手。这才是真正的成长，并且成长这份礼物会让你变得更加优秀、更加有内涵，这种自尊感自然也会给你送来更好的缘分，来自于这种框架的束缚感自然也会相应发生变化。所以不管当下束缚你的框架是什么，都没有关系。你只需要尽力去生活，去经历，去感受，去学习就可以了。就这样生活下去吧，让自己不断地去获得成长。因为人生中这些真正的经验会使你变得更加有内涵、更加与众不同，让你得到更进一步的成长。你会成为更加幸福的自己。我真心支持你。

　　Q：您的文章中有这么一句话："一个人独处时过得很幸福，那么恋爱之后也会过得很幸福。"当我读到这句话的时候，心底深处某个地方好像被触动了。真的是这个样子的吗？

A：如果我们的独处时光过得并不充实，那么在我们进入一段感情之中时，这会让我们更加依赖对方。爱情是两个人相互鼓励，彼此携手不断成长，然而那时的我们会试图控制彼此，所以我们自己首先要成为一个完整的人。因为如果我是一个完整的存在，那么我吸引来的人、吸引我的人也会是一个完整的存在。

喜欢古典音乐的人听夜店里的音乐会觉得嘈杂吵闹，觉得跟自己的气质不搭；同样，喜欢夜店音乐的人在听古典音乐的时候也会觉得特别无聊。其实人与人之间的关系也是一样，因为一个人的兴趣和倾向决定了我们会遇到什么样的人。对于某些人来说，温柔意味着软弱，粗暴的态度则意味着强大；但可能对于另一些人来说，温柔代表着强大，而粗暴的态度则是幼稚、不成熟的象征。所以温柔的人和性格暴躁的人在一起会觉得很别扭，气氛很沉闷；而性格粗暴的人和温柔的人在一起也会觉得很尴尬，很难为情。这样的两个人，因为彼此的喜好天差地别，所以没有办法轻易地走近彼此。毕竟人们总是会被和自己相似的人所吸引，也会吸引到和自己相似的人。

我认为，成为一个完整的存在是开始一段完整恋爱的第一步。只有我先成为一个优秀的人，我才会被优秀的人所吸引；只有我先成为一个优秀的人，我才会吸引到优秀的人向我走来。因为永恒的爱情，是会指引着双方共同走向成长的道路。如果没有这种想要获得成长的觉悟，那么这样的爱情最终无法到达终点，途中就会枯萎凋零。那么，不同的两个人在通过互相磨合而成为一个整体的"相爱"过程中，是和一个包容又温柔的人在一起好，还是和一个脾气不好、稍不顺心就会展现出暴力倾向的人在一起好呢？如果我想遇见某种类型的人，为了吸引到某种类型的人，那么我是不是要先成为那种类型的人呢？

我认为真正爱自己的人无论在什么情况下都会在理解和愤怒之间、关心和冷漠之间、尊重和逼迫之间选择前者。我们爱自己的上限也是我们爱别人的上限。如果我自己并不是一个完整的存在，又和一个同样并不完整的对象开始一段恋情，那么彼此望向对方的眼中就再也没有了爱意，而是满满的厌烦与怨恨。尽管如此，两个人可能还是很珍惜彼此相处的时间，还是可以携手走到生命的尽头，但是，彼此相处的时间绝对不是彼此相爱的时间。如果你想要拥有理解和关心、尊重和体谅，鼓励、宽容、喜悦的心态，以及甘愿为对方奉献的态度等，如果你想要拥有这些真正的爱意，还是要先完成上天赋予我们的成长课题，先让自己成为一个完整的存在啊。

如果当下的爱情是两个不完整的人在一起的爱情，如果两个人经常吵架、彼此压制、恶语相向、相互伤害，在一起的时候用厌烦怨恨的眼神看向彼此的话，那么两个人就不妨共同努力来完善自己。为了得到一份能让自己成长的爱情，你向对方表达了自己的想法，如果对方也想跟你一起努力的话，如果能够一起变成完整的自己、携手不断成长的话，我相信这份爱情会成为一份足够美好又足够珍贵的爱情。虽然当你成为完整的自己时所遇到的爱情会很美好，但是在一段已经开始的爱情里两个人一起变成完整的自己，这样的爱情同样也会让我们收获到美好的成长。希望你能够成为完整的自己，收获一份幸福的爱情。我将真心支持你。

Q：现在当我喜欢上某一个人的时候，第一反应就是打退堂鼓。我很讨厌这样子的自己，但是又不敢进入一段感情中。

A：即使这样，将来你还是会遇到一个让你无法放弃的人。不是因为孤独才在茫茫人海中随便找了一个人去爱，而是因为非这个人不可，是因为这种真挚又迫切的理由让你陷入的爱河。如果是为了等待这样一份爱情，那这等待就是值得的。现在你要等待，等待那个让你非他不行的真爱出现。

我的意思是，无论你是要放弃，还是不敢进入到一段感情之中，这都没有关系。如果这个人对你的吸引力只达到了这种程度，那么现在就请收拾好你的心情，去从容地等待一份让你绝对不能放弃的、绝对不能错过的、相互吸引的爱情。

你现在的等待，表面上看是人生情感里的一段停滞期，但实际上，于冥冥之中、在看不见的地方，对方正拼命向你奔赴而来。我将真心为你加油，希望那时的你能够收获更多的爱，能够更热烈地去爱一个人。

Q：金作家，我有一个问题想请教您！请问您是怎么看待在爱情里随性而为这件事情的呢？

A：我觉得随性而为好像也不是一件坏事，但要想一段关系可以长久地发展下去，就必须要有责任感，也需要对彼此真诚。"我爱你"这句话虽然很容易说出口，但其所包含的真心在多寡上却是千差万别。比如说，有人说爱你，他也确实没有骗你，不过他不会在你们这段感情中倾尽自己的所有；但如若是为了自己的成功，他却愿意花费时间，竭尽全力。这个人口中的"我爱你"这句话所包含的真心并不多。虽然他对你说了"我爱你"，但你在他身边仍然会感到孤独。

爱情好像就是这样的，不是孤单一个人，而是两个人一起处在某种特别又美好的关系中，既要花费时间、付出精力，还要有责任感。为了让彼此的关系朝着更好的方向前进，也为了能够更好地理解彼此，大家都在不断努力。爱一个人不只是你对他说"我爱你"就可以了，而是要让自己身边的这个人感到幸福，让他也感觉到自己是被爱着的才可以。用这种心情说出的"我爱你"才会增加这句话所包含的真心的分量，这样彼此携手走过的岁月才会使我们变得更加美好。

刚开始你可以随性而为，但请不要让爱情的花朵枯萎，而是要通过彼此的陪伴让爱情绽放出更加美丽的花朵，要付出真诚、时间和爱。就像我希望自己能够幸福、希望自己不要经受痛苦一样，我也希望你会因为我而感到幸福，因为我而不会经受痛苦，为此我会加倍努力。希望你能遇见一个甘愿交换这样心意的人，希望你一定要去谈一场如此美好的恋爱。

为了能够幸福地相爱，为了对得起彼此所付出的真诚，你我都应该成为彼此人生中的第一位才可以。这种在彼此人生中占据首要位置的爱情，只有彼此都付出真诚与爱，才会化作喜悦之花，得以绽放；而与之相反的爱情，即使在一起，两个人也会在孤独寂寞的氛围中感到空虚，内心永远无法被填满。能够满足我们内心的只有那一腔真心，除此之外再无其他，所以我们才会在爱情里因为感受不到真心而陷入空虚中无法自拔。

在这场爱情里我们都要做到：因为于我而言，你是最珍贵的，占据着我人生中的首要位置，所以你存在于我所有的人生规划之中。工作的时候也是，为了成为负责任的家长可以更加努力地工作；那么为了更好地爱你，我也可以在自己的人生中竭尽全力。就这样将彼此纳入自己全部的人生规划中，就这样去相爱。与之相反的爱情终究会褪色凋零。衷心希望你的爱情会成为彼此身边一朵永开不败的喜悦之花，希望你经历的是如此这般的爱情。加油！

Q：因为一直没有碰上合适的人，所以我一直没有谈恋爱。对此我也没有感到特别孤单，但是周围的人总是在逼问我为什么还不谈恋爱。或许是因为离适婚年龄越来越近，有的时候我也会想会不会是我有什么问题，并且大家都在说有必要积累一些恋爱的经验。那么像我这种情况该怎么办才好呢？

A：我并不认为人一定要谈恋爱。如果真的遇上了一个特别好的人，谈一场恋爱固然不错；但是在没有遇到合适的人之前，我觉得还是空着这个位置比较好。你说你自己并不觉得孤单，一个人也过得很幸福，所以才会一直保持着单身状态。我觉得你这点做得真是不错呢。人并不是为了填补自己的孤独感，又或是因为缺少某些东西而谈恋爱的，而是一个人也很幸福，但因为两个人在一起会更加幸福，所以才开始一段感情。我认为这才是彼此之间相互安慰、相互加油打气、相互鼓励的美丽爱情。所以我并不认为你有什么问题。

虽然现在还没有人陪在你的身边，并且至今你也没什么特别想谈恋爱的想法，但是我相信将来一定会有一个你真的很想和他在一起的人出现在你的面前。有人一年之内谈过八次恋爱，也有人和同一个人谈了八年的恋爱，并最终走进了婚姻殿堂。比起因为孤独而恋爱，我更希望你是因为自己是一个完整的存在，并且遇见了一个你真正想和他永远在一起的人而恋爱。只有通过长时间的仔细观察和相处，掌握这个人的方方面面，你才能真正了解这个人。因为当你感到特别孤独的时候，通常还没来得及了解这是一个怎样的人，你们的故事就已经发生了。我们不是也有过这种经验嘛，当我们十分饥饿的时候，就连那些平时不怎么喜欢的食物，我们也会吃得津津有味；但当我们不饿的时候，就不会再有想吃这些食物的欲望了。我们饥饿的心总是会遮住我们的眼睛，妨碍我们思考。

我希望你现在不要过于着急，现在的你已经足够好了。我相信如果你就这样，让自己成为一个完整的存在，真诚地生活下去，就一定会有一个比任何人都要珍惜你、都要爱你的人出现在你身边，陪着你；而且我相信这份爱情将会是一份特别美好的爱情，所有看到这份爱情的人都会产生"我也好想拥有这么美好的爱情啊"的想法。如果你遇不到这样一个人，你就不会随随便便陷入一段感情之中；你不是因为太过于孤独，而是凭借自己是一个完整的存在而遇到的这样一个人。"我首先要成为一个优秀的人，我才能吸引到一个优秀的人。"这句话也包含了"如果我成为了一个优秀的人，我就不会吸引到不好的人"的意思。我衷心希望你能够过上美好的生活，收获美好的爱情。

Q：我现在正处于一段恋情当中，但是好像已经对男朋友有些腻了，我男朋友对我好像也有同样的感觉。我不知道还要不要继续交往下去，想要分手又舍不得那些回忆……刚开始对他的心动和好奇现在都所剩无几了，他也渐渐变了。随着交往的时间越来越长，大家越来越熟悉，我越来越讨厌这个不断触碰我底线的人。请问我该怎么办呢？

A：恋爱初期的心动、兴奋、紧张，还有对那个人的好奇心总是令人辗转反侧，夜不能寐。这种感觉如果能够持续下去就好了，但是我认为，即使没有持续下去，如果能够拥有在长久相处中所培养出的相互信任和支持，那么这段关系也能够继续下去。比起和一个一点儿都不理解我的人在一起，和一个很了解我，甚至在仔仔细细了解了我不擅长的、不足的部分之后还能够去理解我的人在一起，这时的我们会感到更舒服一些。比起心动，这份舒适感是不是更贴近爱情呢？两个不同的人走到一起，虽然有时候也会吵架，也会闹别扭，但最终两个人会像两种不同的颜色融合成一种颜色，互相渗透、互相配合。如果是这样的相遇，那么我认为只要陪伴在彼此身边就已经给予对方莫大的安慰和支持了，我觉得没有什么比这个更重要了。因为无论何时，真正珍贵的是，当我们变得熟悉之后，能够自然而然地融入对方的生活之中。

变得熟悉意味着不用开口，光一个眼神就能知道彼此想说什么；意味着一起经历了一段美好而宝贵的双人回忆；意味着即使有时候会吵吵闹闹也不会放开紧握着彼此的手。将这份珍贵铭记在心吧，大家往往会因为彼此太过熟悉，接受得太过理所当然而没能察觉到这种珍贵。希望你能够和同样懂得将这份珍贵铭记在心的，拥有这样美好心灵的人交往下去。如果因为这份熟悉感而相互厌倦的话，两个人不妨一边呼吸着夜晚清新的空气，一边在漂亮温馨的街上走一走，然后再找个地方坐下来，互相说一说感谢彼此的地方，这对产生厌倦感的你们会有很大的帮助。相对于这些值得感谢的地方，有时候我们会将注意力放在一个不是那么好的地方，只知道一味地埋怨别人。

所以，不妨就让我们怀着感激的心去感谢我们在一起时培养起的那些熟悉感和温暖，并毫不吝啬地表达出我们的感激之心。如果是这样的心情，那么我相信两个人无论在一起多长时间，彼此看向对方的眼神中都会满含爱意，散发着光芒。我相信，彼此为了给对方带来快乐会付出更多心血，并珍惜对方为自己付出的心血。因为我们的关系是独一无二的，有着只此一次的、只有我们才能够创造出来的、只属于我们这段关系的颜色，并且这颜色是这个世界上绝无仅有的宝贵色彩。

如果彼此并不是用这种心情看待对方的话，彼此只看到了熟悉之后带来的厌倦感，而看不到熟悉背后所蕴含的珍贵，如果是这样子的话，我认为这段爱情已经结束了。因为无法更进一步发展而凋零的爱情永远不会给彼此带来幸福。就这样随着时间的流逝，两个人会越来越频繁地相互置气，越来越频繁地只关注彼此的缺点。但是即便两个人因为相看生厌而分手，即使遇到了新人，也依然会在双方变得熟悉之后再次产生厌倦感。感情到了某个阶段，两个人就会变得熟悉，就会感到厌倦，就会发现那个人的缺点，偏执地只盯住那个缺点，就这样苦恼着要不要分手。我认为在一段关系当中应该尽可能地发现它的珍贵之处。只有成为懂得这珍贵的人，才能在任何一段关系里都能够明白熟悉感的背后所蕴含的珍贵。

请你试着再努力一次吧。在当下这段关系里最重要的是彼此到底有多爱对方。爱对方的程度决定了彼此会为了改善这段关系而付出多大的努力。大家是因为彼此相爱才开始了一段感情，而爱情之花也并不会如此轻易凋零。如果你们是真的相爱，希望你能够在分手之前再努力一次。仔细想一想双方对于彼此是多么重要的存在，然后将这份重要性表达出来。用心去倾听自己内心的声音，答案永远都在那里。如果你已经尽力去修复这段关系了，并跟随你内心的声音做出了选择的话，那么你将来就不会因此而感到可惜、感到后悔。无论你做出怎样的选择，我都将支持你的爱情，支持你去获得幸福。请不要忘记，不要忘记那熟悉感的背后所隐藏的珍贵；不要忘记珍惜每一个瞬间；不要忘记即使一些东西发生了变化，但终归有些东西是不会变的；不要忘记就那样长长久久地相爱。

Q: 想送礼物给自己喜欢的人。请问作家您曾收到过令您记忆深刻的礼物吗？我希望自己喜欢的人在收到礼物后能够真的被我感动到。

A: 我觉得在这个世界上，没有比手写信更美好、更令人感动的礼物了。这份礼物可以珍藏一辈子，以后每当想起这份感动时还可以再打开看看，所以说这不就是最宝贵的礼物吗？这就是你当时的诚挚和对那个人的一颗真心啊，所以我觉得你可以手写一封饱含你真心的信作为礼物送给你喜欢的人。如果这样还不够的话，你还可以送一些这个人平时感兴趣的东西。比如说：如果这个人喜欢足球运动，你可以送他足球或者球鞋作为礼物。有人关心自己平时喜欢什么，并且理解和支持自己的爱好，这是多么令人欢喜的事啊！希望你能送一份包含自己真心的礼物，并且希望对方能够感受到你的真心，认为这份礼物是最宝贵的、最令人感动的礼物。一定要美美地恋爱啊。

Q：每当有人问起我的理想型，一直以来我都回答说只要是有感觉的、善良的人就好。但实际上我好像会衡量很多方面，虽然不想在有没有车、身高多高这些方面设下太多限制，但我好像一直在计较这些。请问有没有什么好的办法能够解决我的苦恼呢？

A：有人说人生在世会经历三个阶段。第一个阶段是执着于自己拥有什么（拥有）；第二个阶段是关注自己在做什么（行为）；第三个阶段是关注自己的人生目标，自己会成为什么（存在）。如果你能够经常用这三个阶段作为一种思维模式去想你的问题的话，那么你就能找到一个明智的答案——是要珍惜美好生活的价值，还是将目光投向别的地方。

人生在世要面对很多事情，通过这些事情去获得经验，去感受、去学习，从"拥有"的阶段慢慢进入"行为"阶段，再达到"存在"阶段。因此，如果能够想一想自己当下的苦恼对应着哪一个阶段，并且用这三个阶段去预测一下这件事将会如何发展的话，应该会对你有帮助。真正珍贵的东西是那些用肉眼看不见的东西所带来的美好价值和珍贵意义。即使我拥有很好的车子、很好的房子，即使我拥有很多很多金钱，和很英俊或者很漂亮的异性交往，即便如此，但如果没有真心的话，我还是会感到空虚和孤独。无论何时，没有真心的生活都会让我失去生命力。

能够在灵魂层面与我交流，用充满爱意的眼神看着我的人；能够对我的痛苦感同身受，彼此支持、彼此安慰，对生活和爱情负责的人；能够携手走过人生旅程、一起成长的人；能够肆无忌惮地分享彼此生活的人；能够心心相印的人……这样的人才是真正会让我幸福的人，若非如此，什么都不能填满我的内心。

刚开始提问的时候，你就已经知道了自己所期望的好像不能让你幸福，所以你才会想要问我该怎么办。所以我在想你是不是想听我对你说"你这样子确实不对"的话呢？用心去听一听你内心的声音吧，你心中的那个答案一直都在。如果因为自己的选择而过得不幸福，内心某个地方空落落的，那是你的心为了你的幸福向你发出的信号，它想让你看看其他的选择。无论在什么时候，当你做出了错误的选择，你的心就会通过这个信号告诉你，你正走在一条错误的道路上，请仔细倾听你内心的声音。

请选择一条能够让你的内心不再空虚的道路，如果你选择了这样一条道路，你一定会获得幸福的，你的人生也一定会充满了美好。你一定要明白，真正有价值、真正珍贵的东西是那些用肉眼看不到的美好。衷心希望你能够获得幸福，能够和一个真正理解你的、温柔的人展开一段美好的爱情。加油。

Q: 生活背景和价值观截然不同的两个人在一起的话，真的很难去相互理解、相互忍耐、相互包容啊。我还在学怎么谈恋爱，所有的一切都让我觉得很难，我无法确定我们两个人是不是真的合适、会不会幸福，这让我既担心又害怕，甚至有些烦躁。

A：相爱是指拥有不同颜色的两个人在相遇之后创造出一种新颜色的过程。在这一过程中如果有压迫和控制的话，那么这份爱情就会失去它的光芒，会凋零、会褪色、会动摇。如果两个人真的相爱的话，彼此都会为了对方而甘愿做出妥协；也就是说，为了让那个人感到快乐，我可以调整自己的颜色去配合那个人的颜色。看着你快乐的样子对我来说也是一种快乐，是我最幸福的事情。曾经你是你，我是我，因为爱情让你我成为一体，成为我们，这个世界上还有像爱情一样珍贵美好的东西吗？

与其跟一个执着于自己的颜色，坚信自己始终正确的人交往，不如跟一个想和自己一起创造出一种新颜色的人开始一段爱情。当然，你对对方也理应同样如此，并且当彼此都真心珍惜对方的时候，即使不去特意努力也会自然而然地产生这种心情。为了开始一段真挚的爱情，自己首先要成为一个成熟的人。对对方的感情最终会随着时间流逝而逐渐冷却，这份感情冷却后留下的只是隐藏在感情背后的人而已。最终我要面对的那个人，和要面对那个人的我，看到的都不再是一份火热的感情，而是在所有的一切冷却后所显露出来的平凡又真实的彼此。

就像我成熟了，我在爱情面前也会以成熟的姿态存在着。有些人平时比起埋怨别人，更愿意去理解别人。如果是这样一个人的话，在爱情面前也会更爱关注对方的优点，更愿意给予对方鼓励。当然，大家最初会因为双方的感情如干柴烈火一般热烈，只看到对方的优点，只努力地向对方展示自己的优点，但随着这份感情慢慢地冷却，我们最终会以平日里那个真实的自己来面对这份爱情。在爱情面前最重要的东西不是感情，而是人。毕竟在爱情里，感情会冷却，只有人会被留下来。为了谈一场永远的爱情，平时我们就要做一个很好的人才行，平时就要遇到温柔端正的人才可以。为此我们自己首先要变得成熟起来。

但是，即使现在的你有些不足，有些生疏也没有关系。人正是通过自己人生中每个瞬间的经历成长起来的，并逐渐变得成熟。因此不要太过于担心，并且不要因为现在的自己并不是一个完美的人而感到愧疚。正是我们不够完美，我们才会成为美好的存在；正是我们不够完美，我们的一生都在朝着完美前进。虽然在现在的爱情面前，我们可能不够成熟，但是我们正在学着如何去变得成熟，并慢慢变得成熟起来。有了这些经历，我们会以更加美丽端正的心态去面对生活、面对爱情。那个时候，你的爱情也会变得更加美好。

请试着去体验一下吧。和对方吵架，努力配合对方，埋怨对方没有努力配合自己……就这样两个完全不同的人开始慢慢地调整自己，慢慢地去配合对方。希望你能够在这个过程中学到很多东西，变得越来越成熟，而你们的这种关系也能够随之变得成熟起来，希望你们彼此相处的方式也能够越来越成熟。当然，我最希望的是你能够经历一场美好的爱情。不管现在的爱情是否能继续走下去，直到永远；还是只是为了让你们变得成熟而短暂地出现在你们的生命之中。我相信，不管是哪一种结果，如果能够竭尽全力过好当下每一个瞬间，让自己不断成长起来，那么你今后的爱情也会散发出更加灿烂的光芒。不管你遇到什么样的人，你都会在这段关系里过得更加幸福。真心为你加油。

Q: 您好，很高兴通过文字认识到您。我很想谈一场无话不说的美好爱情，请问我需要为此做哪些心理准备呢？

A: 请不要伪装自己，请用你原本真实的样子去靠近爱情。请和一个喜欢你真实模样的人交往，也请你去爱这个人真实的模样。你可以去装饰你的外表，但请不要装饰你的内心。比起外貌，请好好专注对方的内心。去和一个把你的快乐当作他的快乐的人开始一段感情。所以，为了给对方带来快乐，请心甘情愿地为彼此付出。通过对彼此的付出，毫不相同的两个人联结在一起去创造一种新的颜色，请珍惜这个创造的过程。你总是会苦恼着：今天要怎么做才会使自己喜欢的人感到幸福呢？如何才能给自己喜欢的人带来快乐呢？请通过理解和关心来巩固这段关系吧，而不是用控制与占有。因为相爱，请努力成为令彼此舒服的人。因为爱情是自私的，所以请不要将自己的目光放在其他异性身上。请谈一场彼此携手成长的恋爱：在疲累的时候请做彼此最坚实的后盾，抚慰彼此的伤口，彼此安慰，彼此支持。

为了使两个人在一起就能很幸福，请常怀感激之心，请努力关注对方的优点，请用欣赏的眼光来鼓励对方，不要因为说不出"对不起"这三个字而把小事弄大，请毫不吝啬地去表达对彼此的爱意，并且为了让你们的爱情茁壮成长，请在这段感情里投入自己的心血，请把对方当作自己的第一位，请把对方融入自己全部的生活中去。工作的理由可以是只为了自己，也可以是为了给对方购买礼物，为了对对方负责，就以这种心情将对方纳入自己所有的人生规划中去吧。请不要褪下爱情的保护壳，为了让它变得更结实，请好好去爱你的另一半，一天比一天更爱他。如果你的心情是如此这般，你就能谈一场永恒的恋爱。我会为你加油，希望你能够获得属于自己的幸福爱情。

Q：我经常和男朋友吵架。他总是发脾气，大声嚷嚷，就算我说了很多次让他不要这样，他也不听，死活不想改。面对这样的一段爱情，我该何去何从呢？

A：我认为一个人的改变是因为爱另一个人自然而然发生的。

爱情对你来说是一件快乐的事情，对我来说也是一件快乐的事情。但是如果说着爱你的话，却让你陷入痛苦之中，那么这样也还算是爱你吗？这不是偏执和贪婪是什么？爱一个人就是对方如果痛苦，我会感到更痛苦；对方如果开心，我会感到更开心。但是对方带给我的一直都是痛苦，而非快乐，这怎么能叫作爱情呢？

我是这么想的：没有人会知错犯错。因为所有的人都在每个瞬间做出了自己能做的最佳选择，所以做错事情的人并不知道自己到底做错了什么，反而会生气地质问别人自己到底做错了什么。自己没有做错什么却总是被人说自己做错了事情，如果是你，你该有多生气呢？除非有朝一日这个人意识到自己确实做错了，在这之前无论你说什么，他都不会听进去的，所以你对这个人提的要求对他来说只是一种控制和逼迫罢了。恋爱要和会说"知道了，原来你因为这个伤心了啊，对不起"的人谈才行。一个愿意倾听，想要做出改变，拥有谦逊心态的人才能知道现在的自己并不完美，才能明白自己有可能会犯错，我们要和这样的人恋爱才行。

如果你交往的人并不是这样的人的话，你们会经常给彼此的内心带来伤害，并且会经常吵架。恋爱就是不同的两个人相遇，并在之后成为一个整体。如果没有一颗愿意理解对方的心，你们这一生都没有办法和谐地相处。两个无法和谐相处的人生活在同一个空间里，随着时间线的拉长，这只会给彼此带来伤害和痛苦。这种恶性循环会一直存在于你们的关系当中，最终你们会因为无法成为一个整体而选择分手。原本就是两个人，相遇的时候是两个人，分手的时候也是两个人，也许分手就是你们这段感情命中注定的结果。如果你和你现在交往的人绝对没有可能成为一个整体，如果这个人不是我们上面所说的那种人的话，我觉得你最终会下定决心选择和他分手的。

但我认为分手这件事情并不是我说分手就能分手，也不是我说不分就不会分手的。只有当我感到自己与这个人在一起是种折磨，于是痛定思痛，下定决心分手才是真的分手。在自己做出决定之前，谁的话我都不会听，因为这是分手的决定。最终结合我所经历的，我所要做出的选择才是分手。请试着继续交往下去，继续去爱这个人。你经历之后所做出的选择才是你能够承受的、能够负责的选择。比起现在对爱情的不舍，当你觉得这份爱情继续下去只会让你更痛苦，并确认这个人无法陪你走到最后的时候，无论谁说什么样的话，你都会选择分手的。我希望在这个过程中，你的男朋友务必要做出改变，成为能给你带来很多幸福的人。

希望你即使身处痛苦的漩涡中也可以学着成长。希望你的爱情、你的分手以及你所有的回忆都能成为你那些美好过去的礼物。

Q：男性总是用一种很轻率的心态来接近我。请问怎么会这样子呢？

A：我觉得这可能是因为你自己并没有那么珍惜自己，并没有那么爱自己。虽然这听起来有些不近人情，但还是希望你能够耐心地看到最后。我所说的不珍惜自己的意思是，就像是当有人夸我漂亮时，比起欣然接受这句夸奖，我第一反应是不敢相信；当有人说爱我的时候，我会想这个人到底为什么会喜欢我呢？为什么会喜欢上我这种人呢？我们潜意识里对于自己的形象认知决定了我们会遇上怎样的人。如果我认为自己并没有那么珍贵的话，我就会觉得自己没有资格被珍惜自己的人喜欢。这种想法也会传递到别人的心中，所以我们也就只能吸引到这种不会珍惜我们的人。

最终我自身的能量吸引来了我将要见到的人。人们都是在相近的能量场中相遇的。如果男性总是用一种轻率的心态来接近你的话，会不会是因为你让他们觉得你很轻率呢？是不是你的表现中透露出一丝轻率的能量呢？这些接近你的男性会不会是为了确认自己对你的判断而接近你的呢？如果你是一个自尊心很强的人，是一个非常爱惜自己的人，那么对方也会感受到你所散发出的这种能量，这种轻率的男人就会去接近其他的异性而不是你，不是吗？还有，真正稳重的人会不会已经出现在了你的周围呢？所以，你要不要先改变一下自己的能量场呢？要不要先去努力试试看呢？在自己的想法发生改变的时候，在自己一点点变得成熟的时候，你面临的很多问题都会得到解决的。

请努力改变一下自己吧。首先，不要再去接触那些有着轻率能量的人、场所及其他所有的一切。离婚的人想要成功再婚，与其参加离婚群体的聚会，不如去参加那些再婚成功人士的聚会，和他们交流、分享感情和共享能量场，这样应该会更有帮助。同样，请和拥有长期固定伴侣的人做朋友吧，去见一些真诚谨慎的朋友。与其去夜店，不如去逛逛展览，培养一双自动识别美好事物的眼睛，提升一下自己的审美。这样你就不会只看到那些浅薄的表面，而是能够用一双深邃的眼睛看到那些肉眼看不见的更深处。在某种程度上，你会具备一定的判断能力，读懂对方的意图和能量。请让自己在生活中保持真诚的心态，用这种心态努力地、真诚地度过每一天。就这样，将你的能量场提升一个层次吧。当你珍惜和热爱自己的生活，变得稳重起来；当你提升了自己的自尊，开始珍视自己的存在；当你通过这些而使得你的能量场发生变化的时候，那些徘徊在你身边的低层次能量场的人自然而然就离开了你的生活，去了其他的地方。这是因为你们的能量场不再相同，你们双方失去了相互之间的感应。

你听说过"破窗理论"吗？这个理论是说，如果有人打坏了一个建筑物的某扇窗户，而这扇窗户又得不到及时的维修的话，久而久之一些犯罪行为就会以这个地点为中心开始向四周扩散。这个理论说明了如果忽视琐碎的无序，那很有可能会导致大的问题出现。人与人之间的缘分也是如此。比如人们会在垃圾丛生的地方毫无顾忌地扔着垃圾，但在非常干净的地方却绝对不会这么做的。如果你认为自己是个珍贵的存在，并且有着很强的自尊心，那么其他人也会这么想你；如果你任凭自己在低矮处挣扎，那么其他人也会很容易就轻视你、随意对待你，并且置身在这些人聚集的空间里面，你便只能跟这样一群人打交道，无暇认识其他更好的人。你要记住，能够保护自己的最安全的护盾就是你自己的高度自尊。如果你成为一个自尊心强的人，即使不需要你费尽心思，你遇到的人、你所处的空间也会自然而然地发生变化。

试着去和那些能够鼓舞你、提升你的人做朋友，和他们分享感情，多多融入有他们在的圈子，努力让他们的能量浸透你。一定要记住，只要你不做出改变，那么那些跟你打交道的人、你所在的这个世界也不会发生改变。不管到什么时候，需要做出改变的只有我们自己。如果你做出了改变，那么所有的一切都会自然而然地跟着你做出改变。真心希望你内心美好的变化使得那些愿意留在你身边的人也都是美好的人，真心希望你也因此成为一个爱与被爱的幸福的存在，加油。你要记住，最重要的是，现在的你是一个足够珍贵又美好的存在。请你永远记住，无论何时你都是一个珍贵的存在。所以你一定要和这世界上最珍惜你的人、最爱你的人开始一段美丽的爱情才行。

Q：我好像有一点儿缺爱。前段时间我交了一个朋友，一开始以为我们两个人是很好的朋友，但这个朋友总是很想让我和异性发生关系，对此我肯定是拒绝的。但是后来的某一天，我在喝醉了之后还是和某个异性发生了关系。我的这个朋友也装作若无其事的样子，还是同我和之前一样相处。但是问题是，我好像对这种生活上瘾了。我知道男人们对我说甜言蜜语是为了和我发生关系，说爱我的话也都是骗我的。但即使是这样的爱情，我也总是很渴望。我知道应该停止这种生活，也下过很多次决心，但是却总是停不下来。我现在是真的很想结束这样的生活，我该怎么办呢？请您帮帮我吧……

A：听你这样说真的感觉你好痛苦、好伤心。看着自己一直在做着与自己内心想法背道而驰的选择，你心中的负罪感会让你的内心遭受多么大的痛苦啊。我也为你感到很难过。就让我们一起想想办法吧。首先请一定要记住这一点：被虚假的欲望所掩盖住的甜蜜是毫无真心可言的，所以你绝对不能用这种即兴的相遇来填满你的内心。因为你的内心所渴望的并不是这样的爱情，你内心深处那个真正的自己渴望的是能够抚慰你内心的真挚爱情。为了得到这样的爱情，你必须先做出改变。因为在你做出改变之前，那些人会一直徘徊在你身边。

你知道人为什么会对某样东西上瘾吗？真正的幸福是发自内心的，如果内心没有足够的自尊，不能够吸引来幸福，对生活的满意度也比较低，这时人们就会开始依赖一些外在的东西。因为这些外在的东西所带来的暂时性的满足感是你能够得到的最好的幸福，是至今为止你从未享受过的幸福，所以你就慢慢陷了进去。但是这些外在的东西所带来的幸福只是暂时的，用不了多长时间，你就会再次变得空虚起来。为了摆脱这种空虚感，你便再次去寻找那暂时的满足感，如此不断地循环往复，最终导致你对此产生了上瘾的感觉。

所有的上瘾症状其实克服起来都非常简单。那就是找回自己内心的完整，找回珍惜和爱惜自己的自尊心。真的，这就是克服上瘾方法的全部了。因此，如果我们能够从自己的内心深处感到幸福，那么我们就不会再沉迷于外在事物所带来的暂时性的满足感了。我在想这是不是你现在应该要去做的事情呢？找回你的自尊心，你不仅可以摆脱现在的生活，你还能得到你真正想要的，满足你想获得真爱的渴望。如果你自身的能量场发生了变化，被你吸引来的群体也会发生变化。对于那些为了解决自己的欲望而靠近你的人，你再也不会从他们身上感受到任何的魅力，他们也不敢再把你当作随随便便的一夜情对象。如果你自己懂得珍惜自己、爱惜自己的话，那被你吸引来的人大概率也是如此这般的人。只有懂得爱自己的人才会爱别人，才会彼此分享真正的爱情，满足彼此的内心，彼此鼓励。所以你要先试着从爱自己、爱自己的人生开始做起。

不要去接近毫无真诚可言的事情，不要去接近毫无真诚可言的相遇。不管是什么，只要这里面没有真诚可言，那就要保持距离。缺乏真诚也会让你感到更加空虚的，所以请以真诚的心态去生活，去和珍惜你的人在一起。请时刻告诉自己："你现在也是一个非常珍贵的存在。"请时刻告诉自己："你现在已经很漂亮，很讨人喜欢了，你很珍贵，感谢你的存在，谢谢你，我爱你。"每当想起来的时候，请对自己说"我爱你"。并且请试着去练习用爱看待自己的所作所为——从睁开眼到睡觉之前的全部行为。正在刷牙的可爱的自己，走在路上的可爱的自己，看着天花板发呆的可爱的自己，玩电脑的可爱的自己，和朋友聊得火热的可爱的自己，用饱含着爱的眼睛去看待一切，不管是什么。

这样的话，你的内心就会开始充满爱，就会由内到外开始幸福起来，同时也会提升自己对生活的满意度。即使在当下也会经常感到幸福，对自己的经历充满了感恩。因此，你会看到自己慢慢地从依赖外在这个恶性循环中摆脱出来，你会变得更加完整，你的自尊心也会越来越强。这种积极的反馈会鼓舞你继续朝着更积极、更美好的方向前进，你会更加珍惜和爱护真实的自己，也就不会再对那些外在的人或事物上瘾，做伤害自己的事情了。请你竭尽你的全力，怀着一腔真诚去过你的生活，去爱你的生活。

然后请将自己内心满溢的爱向外释放：怀着爱意去看小狗，怀着爱意去看经过的路人，怀着爱意去看爸爸妈妈、朋友、路边盛开的花草树木，怀着爱意去看这世界上的一切。你不用刻意去做什么，你只需要爱你自己，人们对待你的态度就会开始改变。他们会想留在你身边，开始真诚又友好地对待你，开始向你表达感谢。与之前想要向你索取什么而假装亲热不同，每个人只是因为单纯地喜欢你、单纯地爱你才开始靠近你，向你表达对你的真诚。事情就是这么简单，只要你自己发生了变化，只要你改变了自己的生活态度，你周围的世界也会跟着你发生变化。这些，就是爱所拥有的力量。

如果你开始懂得爱自己，学会爱别人了，那么在很远处就能嗅到向你走来的良缘所散发的爱情芳香。用那份真诚去爱吧，不是为了暂时纾解彼此的孤独而相互利用，也不是为了解决自己的欲望，而是你和我虽然现在已经足够完整了，但我们两个人在一起会让我们成为更加完整的存在。不断得到和不断付出的爱情丰富了我们的内心，充满爱意的表达给彼此带来了快乐，因为彼此爱着对方的全部而使得彼此的存在更加灿烂闪耀，所以只是两个人在一起这件事情本身就是一份洋溢着喜悦的礼物，大家一起享受着这奇迹一般的幸福，相互鼓励，用充满温暖爱意的怀抱去拥抱对方。不是为了让你给他解决欲望而暂时对你虚情假意，而是永远真诚、怀揣一颗真心的人在你身边珍惜你、爱你、拥抱你。这份幸福，请你不要轻易放弃，因为你完全有资格去拥有这样的爱情！

这个世界上最重要的事情就是爱自己，用爱自己的这份心情去爱别人。至今为止，你因为缺爱而痛苦不堪，受到伤害之后一直得不到治愈。尽管如此，你再次选择让自己陷入痛苦之中就是因为你对爱极度渴望。现在请去爱吧，一直以来都没有得到过爱的你，去用爱来抚慰和拥抱自己吧。用这温暖的怀抱去治愈那过去所有的伤痛，去让自己成为一个更加完整的存在，从讨厌自己变成珍惜自己、爱自己，提高那低入尘埃的自尊，抛弃那些一直以来不珍惜自己的人、那些利用自己的人，和珍惜自己的人并肩携手，在那份爱的温暖怀抱中灿烂地笑着，成为幸福的自己。我将尽我所能，支持你变成更完整的自己，支持你找回自己的自尊，以及支持你得到属于你的爱情。并且郑重地拜托你，请一定去爱那个一直以来连你都不曾爱过的自己。请一定要幸福啊，一定要幸福。

Q：之前他跟我说他并不怎么看重一个人的外貌（彼此的照片也都看过了），见了面之后却全都变了。那天只把自己想做的事情都做了之后，就再也联系不上了。说什么外貌没关系，想和我好好过日子，但是把想做的都做了之后，现在却装得像什么事情都没发生过一样。请问他是因为有什么顾虑才没有联系我吗？还是他只需要有个人来满足他的欲望呢？是不是只要是男的，在本能面前都会先去想怎样解决自己的欲望呢？即使对方的外貌并没有达到自己的标准，甚至已经到了十分厌恶的程度。

A：看得出来你很受伤。我很担心你会不会因为这件事情而关上了自己的心门，会不会因为自尊心受到了伤害而痛苦不已。其实并不是所有的男性都是这样的，但是那天你遇到的那个人应该是你所说的这种人吧。首先你不要再等这个人来联系你了，因为不管他是什么样的人，他都没有办法给你带来安全感，最终只会给你徒增伤害。即使他再联系你，你所经历的这些事情还是会反复上演，所以最好也不要再回复他了。如果他对你来说是一个很好的人，那么一开始他就不会让你的心变得如此混乱，让你如此痛苦。

这个经历能让你变得更加谨慎，所以我希望你不要太过于苛责和埋怨自己。这次你跟他没有缘分而擦肩而过，那么下一次当你遇到和你真正有缘分的人，你就能够牢牢地把握住了。你一定会遇到一个能够走进彼此内心深处的人、一个愿意相互表达真心的人、一个能够带给彼此幸福的人，你一定会遇上这么一个人的。可能我这些话现在听起来似乎过分冷漠和理性，但是与其死死抓住过去的事情不放手，一直自责，一直痛苦，你更应该把这件事当作跳板，努力成为更好的自己，这样以后就不会再反复经历这种事情了。这就是为什么你不得不去经历这件事情的原因。为了让我们获得某一方面的成长，生活有时会带给我们很大的痛苦，但是这份痛苦随着时间的流逝，总有一天会成为你生命中的礼物。并且每当这个时候我们都会说："如果当时没有经历这件事情，那也就不会有现在如此优秀的我了。"你这个时候才会明白当时那件让你痛苦的事情其实是一件礼物，你将会对它充满感激。

我真心希望这件事情不会让你从此紧闭心门，让你内心充满伤痛和怨恨，而是作为一个契机，让你拥有准确的识人眼光。真心希望这件事情能够带给你谨慎和智慧去辨别那些用虚假的心来靠近你的人。所有的人一开始都会表现得很友好，而且很容易给对方留下一个好的印象。你应看重的，不是对方一开始所表现出来的外表和语言，而是在这个过程中对方所付诸的行动。我们一定要学会沉住气，不要在一开始就轻率地判断某个人是好还是坏。就让我们收起我们急于下结论的心情，静观其变，不是听他说了什么，而是看他在接下来的时间里都做了什么，然后跟一个在实际生活中为人处世都充满真诚的人交往。无论在什么时候，没有真心都会让我们的内心变得空空荡荡，只有那颗珍惜对方的真心才能够填满彼此空空荡荡的内心，大家才能够成为彼此的慰藉和后盾。

为了能够让你遇到一个真心面对生活的人，请去努力吧，并且不要在不到一天的时间里就轻易地判断他是不是动了真心。就这样留出时间，让他慢慢地、长久地在你的身边，这样你才能看出他是不是动了真心。在这漫长的时间里，你会遇到一个向你表露真心的人，你也会成为一个对某人表露自己真心的人。人与人初次相遇的时候，我们判断这个人的标准顶多是这个人的外表和这个人所说的话，但是外表总是会随时间而发生改变，言语也未必由衷。

通过这件事情你也学到了很多。"人也可能会这样的"这句话不是从某个人那里听来的，而是我们通过亲身经历所感受到、学习到的。只有通过这种经历，我们才能变得"真实"。这不是我们随便得来的假大空道理，而是从我们自己的人生中亲身感悟到的深刻智慧。因此要真心去拥抱这次的教训，不要因为埋怨当下这种状况而过分夸大。就这样，让我们变得更有内涵，让我们真正地去尊重自己。虽然这个过程可能会很痛苦，但这是为了能够给你的生活开一张处方单，这剂良药能够让你抵御未来更大的伤害。请放下对这痛苦的怨恨与自责，放下你深深的悔恨，现在的你成长了起来。你只有这样成长起来，才能在相似的事情重复发生时做出更好的选择。只有成为这样的你，你才能遇到更好的人，这相遇是彼此相互传递快乐和幸福的相遇，而不是彼此相互伤害的相遇。

现在明白了吧？不要再去苦苦等待那个让你痛苦的人来联系你了，就算他再来联系你，你也不要再动摇了。你要做出选择，不要再放任对方随意利用你。最终允许那个人为满足自己欲望而来利用你的，其实也是你自己。虽然这很难让人接受和承认，但最终这个事情还是因为你的选择才发生的。因此，现在你要改变你的选择，你不能再让自己因为同样的事情而陷入痛苦之中了，你要守护好你自己。最终只有改变你的选择，你的生活才会开始发生改变；自己不去改变，寄希望于这个世界做出改变只是徒劳的幻想而已。

虽然会很痛苦，但是没关系的。经过这次的事情，你以后便不会再经受更大的痛苦了。为此，你现在不得不去承受这个痛苦。通过这次的经历，你拥有了识人的智慧，你会遇到内心更美好的人。通过和这个在我们人生中不值一提的人相处，我们会遇到成为我们人生全部的那个人。如果说这是为了得到教训而要付出的代价，那么这痛苦也没什么大不了的，所以没关系的。我真心希望通过这次的事情你能够成为一个懂得守护自己的人，我相信你会因为你的成长而遇到一个真心对你、充满真诚的人，你会和这个人开始一段美好的爱情。我将虔诚地为你那美好的爱情而祈祷。

分手，以后

Q：我们俩虽然已经分手了，但我心里还爱着我的前任。我很想挽回这段感情，但我的前任已经开始讨厌我了。我认为没有人能像我一样让我的前任幸福，我希望我的前任能够明白我的心意。请问我该怎么办才好呢？

A：如果你仍然爱着你的前任，那你不妨亲笔写一封饱含着你真心的信来表达你的心意。我觉得真正爱一个人，就不能单方面地将自己的心意强加给对方。与其不断地告诉对方自己的想法，并催促、强迫对方接受自己的心意，不如将自己的心意完整地传达给对方，然后等待对方的回应。只有对方自愿和我在一起时，这份爱情才能让你们彼此感受到幸福。写一封信给你的前任，然后敬候佳音是一个很好的办法。即使你的真心没有打动这个人，那就用你爱这个人的心去尊重对方的选择。如果真的爱一个人，那就应该懂得要去尊重这个人所做出的决定。

如果你真的爱这个人，你就要对分手这件事情负责，这虽然很难，但是你也要尊重并理解你前任的选择；如果你真的爱这个人，那就请尊重和理解这个人不想再和你继续下去的心情；如果你真的爱这个人，与其因为自己痛苦而不肯放手，不如为了对方的幸福而安静地承受分手带给你的痛苦。你一个人单方面地想抓住这份爱情，这不是因为你爱对方，而只是因为你爱自己和这份感情而已。如果你真的爱这个人，比起强迫对方接受你的心意，你更应该去选择放手，安静地承受自己所要面临的痛苦。要尊重和顾及对方的感情，在你身边会使对方感到痛苦，所以这个人选择了离开你。你不能因为自己觉得你能让这个人幸福就强迫对方留在你的身边。虽然分手是一件很痛苦的事情，但即使这样也要用希望对方幸福的心情来送别过去，这既是你对这个人最后的爱，也是对这个人最后的关怀。

不能因为没有遂我们自己的心愿就要去强迫对方，让对方痛苦。如果你认为最能让对方感到幸福的人是你自己的话，那么你就应该站在对方的立场上去考虑对方的幸福。你不想让自己陷入痛苦之中，但也不能让对方陷入痛苦之中啊。即便你苦不堪言，泪流满面，对未来感到迷茫，自己陷入了崩溃的境地，但还是要接受分手这个事实，对这次的分手事件负起自己该负的责任。这是对自己所爱之人、对自己曾经爱过的人所能够付出的最后的爱。因此，如果对方不想再继续留在你身边的话，你就要默默地独自忍受这分手的痛苦。

请耐心等一等，等待这个人回心转意，直到愿意回到你的身边。如果想让对方知晓自己的心意，那就试着给这个人写一封信吧，然后等待这个人的回答。就这样尊重和接受对方的选择，这是分手后的你所能对这个人付出的最后的爱意。我爱你，但我却不能再对你说我爱你，我依然爱着你，但却不能留在你身边，这就是分手。默默地忍受这份痛苦，是一段感情结束后双方都应该去做的事情。就像我们在爱情里要尽到自己的责任一样，分手后我们同样也要尽到我们应尽的责任。那个人如果留在我身边真的会幸福的话，那他就不会离开我了。对方幸福与否的标准不在于我，而在于这个人自己本身，就请让对方自己做出选择。希望你写一封信，或者采取别的方式，将你的真心传达给这个人。另外，不管这个人做出什么样的选择，我都希望你能够用你的爱去理解和尊重这个人的选择。

请记住，在彼此身边会感到幸福，彼此心甘情愿地想要留在对方的身边，这样的爱情才是幸福的。强迫对方留在自己身边，这不是爱情，而是自私，勉强留下来的人最终还是会很快转身离开。所以对方为了自己的幸福而选择留在你身边，这才是你唯一能守护和负责的。你为了获得快乐而做出的行为对对方来说也是感到快乐的瞬间，这个瞬间是我们唯一能称之为爱情的瞬间。但是如果对方感到的不是快乐，而是痛苦和负担，那么两个人的这段关系终究算不得好缘分。所谓好缘分，就是我为了使你感到快乐而做出的那些行为，在你的立场上也确实完完全全地让你喜笑颜开。最终如果因为无法触及彼此的内心而不得不分开，这说明你们之间并没有好缘分，属于你的好缘分还在路上。接下来，我们要带着这些所有的过往，继续寻找我们的好缘分。衷心希望你能够早日觅得良缘，找到自己的命中注定，收获那爱情带来的幸福，加油。

Q: 谈了很长时间的恋爱，我们最终还是分开了。我们考虑了很久才做出这个决定，所以并不存在后悔的情况，但我还是有种精疲力竭的感觉。

A: 你现在应该很痛苦吧。与自己曾经爱过的人，曾经你中有我、我中有你一样的人分手，怎么可能会对自己没有影响呢？虽然只是因为觉得对方好像不是那个对的人才选择分手，但我并不认为这种分手会让人感觉到轻松。不管这个人是不是对的人，都是曾经爱过你并迁就过你的人，他曾经与你一起创造出只属于你们两个人的新颜色。但是即便如此，你还是认为没有办法和这个人共度一生，于是克服了所有的不舍和痛苦，最终选择了分手。做这个决定应该很难，应该是经过了无数次的思考和犹豫，你在这个过程中应该过得很煎熬。

请相信，分手是你不得不做出的选择。你要凭借着这份信念咬牙挺过分手带给你的痛苦。虽然现在的你会因为身边没有人陪伴而感到很空虚、很寂寞，甚至可能会想要重新挽回这段感情，但是你要记住，你只有挺过了这份痛苦，重新振作起来，从这段感情中完全走出来，你才能开始新的爱情。如果你们两个人分手是因为对方不是那个对的人，那么虽然分手的过程会很辛苦，但你一定要咬紧牙关挺过去。你只有有始有终地结束了这段感情，你才会成为更加成熟的自己，成为更好的自己。这都是为了让你自己遇见一个想要共度一生，真正珍惜自己、爱自己的人。现在这次分手是因为你自己一直单方面地付出，却没有换来同等的爱。真心希望目前你能够给自己一段缓冲期，让你自己照顾自己、珍惜自己；真心希望你能够成为更好的自己，希望你下一次的恋爱会是一段长长久久的爱情。

Q：请问您有没有对一个人念念不忘过呢？曾经很喜欢，如今各自也都拥有了各自的生活。但即使这样，还是会经常想起这个人，很想这个人。我不太清楚自己现在的想法，是还喜欢这个人，还是心里留有遗憾，又或者只是单纯地想念记忆里的那段岁月。

A：感觉你心里好像很混乱。我认为完整地告别上一段感情是我们对自己下一段爱情的尊重。你到现在为止还在想念这个人，会不会是因为你还没有完全从上一段恋情中走出来就已经开始下一段恋情所造成的呢？两个彼此不同的人相遇之后成为一个整体，就这样和这个自己全心全意爱着的人分手，孤单凄凉的感觉会向你袭来。

曾经总有人会握紧你的手，总有人会一直看着你，但现在这双手、这眼神和这份爱情全都不见了，你的内心一片凄凉。因为一直爱着你的那个人，你曾经爱过的那个人，现在已经不在你身边了。但是如果因为自己没有办法忍受孤独而决定开始一段新的感情，那么这份爱情最终也会因为它的不纯粹而伤害到你自己，以及那个现在正陪在你身边的人。

分开之后向你袭来的不止有痛苦、思念和不舍，还有孤独与寂寞，你要完全克服这一切，重新振作起来，再次让自己完整起来才行。这是你选择结束一段感情之后所应该做到的，因为这是你分内的事情。只有这样慢慢地抹掉那个曾经与自己融为一体的人的痕迹、重新成为一个独立完整的自己，彻底地结束这段感情，你才能在下一段感情中成为完整的自己。就像在爱情里要负起责任一样，告别一段感情也需要负起责任。这份责任绝对不轻松，但你既然选择了分手，那么就要彻底地告别这段感情。如果你还没有从上一段感情中彻底地走出来就开始新的感情，那么这段新的爱情也会因为它的不纯粹而无法长久。在你自己彻底告别上一段感情之前，你当下的这段感情会一直不稳固。即使是现在，你也应该好好告别上一段感情，彻底地放手。

不能为了避开像暴雨一样倾盆而至的思念和不舍所带来的空虚，就将别人的怀抱当作自己遮风挡雨的伞去依靠。即使因为被这场雨淋湿了身体而瑟瑟发抖，甚至因此而大病一场，我们也要咬牙挺住，彻底地为上一段感情画上句号。只有我们能为自己撑起一把伞的时候，我们才能开始下一段恋情。去请求你现在的恋人再给你一些时间吧，让你先去彻底地结束你的上一段感情。暂时一个人待着，先去成为完整的自己，即使你一个人生活也足以让自己幸福，然后再走向当下在你身边的那个爱着你、等着你的人。向对方坦白这一切可能会伤害到对方，那么就想一个善意的理由，然后自己度过这段时间。只有这样，你才能全心全意地投入到你这段新的感情之中；只有这样，你在你的新恋情中才不会因为自己没有全情投入而产生让自己痛苦不已的负罪感。最重要的是，你和对方能够彼此相守，幸福相爱。真心希望你能够对你的上一段感情做到彻底的"断舍离"，并幸福地开始一段新的恋情，我将为你加油。

Q：我上一次给您发过消息，今天我分手了，在这期间我还给这个人带去了礼物。我真的好痛苦，我把自己的一切都给了他，但尽管如此，他还是对我如此无情，甚至厌恶送他礼物的我。这让我感到很受伤，我很想让自己痛到感受不到这痛苦。我总是遇见像他这样的男人，我觉得这样子的我真的是很可怜。我想遇见一个在爱情里懂得去爱和懂得感激的人，可我应该怎么做呢？

A：你应该过得很辛苦吧。即使这样，我还是希望你不要轻易地被击垮，我希望你能够坚持下去。希望你当下经历的这些痛苦能够成为一个契机，让你成为更好的自己。你想要让自己痛到感受不到这痛苦，难道你忘了现在的你也足够珍贵、值得被爱吗？这会不会给你留下了无法被打开的枷锁呢？请记住，只要你不曾忘记自己是一个足够珍贵的存在，那么无论什么时候你都是一个珍贵的存在。你不是为了受伤才来到这个世界上的，而是为了得到爱而出生的。你是一个珍贵的存在，这存在本身就是礼物。

在上次收到你的短信时，我脑海中突然闪过一个想法：你爱着的或许不是那个人，你真正为之沉迷的或许是你在爱着那个人的过程中所受到的伤害；或许是受到伤害后处于痛苦中的你认为自己不幸又可怜的想法本身；或许是因为即使你付出了自己的一切，但这个人依然对你冷酷无情而产生的怨恨；又或者是你有意无意中认为自己在这段关系里不幸成为受害者的这份顾影自怜。

你在上一次发来的短信中说，你陷入了那种爱到被对方弃之如敝履的爱情。继上一个苦恼，这次你又有了现在的苦恼，我突然觉得这是不是你给自己设定的角色呢？对对方的埋怨、对自己的自怜让你不知不觉地陷入了一场爱情之中。所以你交往过的人总是会随随便便地对待你；所以你才会被那种人吸引，又吸引来了那种人；为了让你自己继续扮演充满怨恨和自怜的人设，所以你才选择了这些符合你要求的人，不是吗？否则你是不会被那种人吸引的。

无论在什么时候，人们在对彼此内心所具有的某种倾向产生反应的时候，就会彼此吸引。如果我不具备这种倾向，我就不会被这样的人所吸引。我们两个就会擦肩而过，走向没有彼此的世界，我们是绝对不可能产生任何交集的。不管什么时候，要想解决人际关系中那些根深蒂固的问题，其方法就是去反省自己，反省一下是自己的哪些特质吸引了这些人和事物来到你的生命之中。并且当你在改善自己这一方面的时候，你会发现那些一直困扰着我们的问题往往一下子就消失不见了。据说很多从小就对父亲充满了怨恨的人，却在长大后很容易和在某方面像自己父亲的人交往，甚至是结婚。这份怨恨就这样从自己父亲的身上延续到自己的男朋友身上、自己的丈夫身上，然后自己就一直沉浸在这种自我怜悯中不能自拔，并为之痛苦不已。那么，发生这种事情的原因到底是什么呢？

如果我们自己不做出改变的话，我们所面对的这个世界也绝对不会发生任何改变。生活总是希望我们能够克服某些问题，总是希望我们能够获得成长，所以它总是在我们能够克服某个问题之前，把类似的其他问题带到我们面前。因此，当我们不需要再通过经历相同类型的问题获得成长之前，我们还将会继续面对这种问题。我们需要仔细观察，到底是我们内心深处的哪种倾向吸引来了这些问题，当我们开始改变我们这一倾向获得成长的时候，生活就不会再让我们接受相似的考验了。我们一直跟同一种类型的人交往，虽然会在这段关系里感到很痛苦，但其实很多时候自己正是从这段关系所带来的痛苦中感受到了某种情感上的补偿，或者说，我们在巧妙地享受着受害者这个角色。

因此，我们如果能够成为不愿意通过那种怨恨和自我怜悯来获得情感补偿的人，那么我们所经历的这些事情就再也折磨不了我们了。如果我们很讨厌这样子的人，我们还会和让我们产生厌恶感的人在一起吗？哪怕只是一小会儿。当然不会，我们完全没有办法从他们这一类人身上感受到一丁点儿的魅力，我们绝对不会对其产生感情的。并且虽然我们可能是在不知情的情况下遇见的对方，但当我们知道了对方就是我们不喜欢的那一类人时，即使我们喜欢自我奉献，我们是否还会打算怀抱着这份痛苦，想着自己是一个可怜的人，而去继续维持这段关系呢？不，我们绝对不会那样做的。我们是非常珍贵的存在，如果跟这种人交往的话，真的是太可惜我们宝贵的人生了。对于因为脑海中充斥着怨恨而导致自己变得不幸的人来说，最好的解决办法就是，从现在开始去忘记和放下自己的怨恨。为什么自己明明知道这一点却还是放不下，一直怨恨着呢？是因为这份怨恨很难被放下吗？不是这样的。只是因为你自己不愿意放下而已。有的时候我们会神奇地从这份怨恨中得到某些东西。如果现在有人拿着刀子指着你说："你是想死还是要放下这份怨恨呢？"我们肯定在 1 秒钟之内就能放下这份怨恨，所以不是你放不下，而是你不愿意放下。为了你自己的幸福，你愿意放下你的怨恨和你的自我怜悯吗？你愿意这样做吗？

如果你真的想遇见一个很好的人，然后开始谈一场幸福的恋爱的话；如果你想摆脱掉现在这种可怕的生活，获得真正的幸福的话，那么，现在就做出你的选择，然后下定决心从现在开始改变自己。不再让不在乎你价值的人随意地践踏你的珍贵，也不再待在那些瞧不起你的人身边自取其辱。如果我们真的认为自己是珍贵的，那么我们就应该自己守护好这份珍贵。当某个人丝毫不珍惜我们的时候，自尊心强的人是不会靠近这个人的；但是自尊心弱的人会抱着"我被这样对待也是应该的"的想法忍受并继续这段关系，哪怕内心充满了痛苦和怨恨，这个人还是选择继续留在原地不做出任何改变。你是应该受到这种对待的人吗？你是这样去想你自己的吗？

现在生活认为你已经成长到"不需要再经历这种问题"的程度了，从此你要真正地珍惜自己、爱自己。这样的话，将来你一定会遇到一个像你自己珍惜自己、自己爱自己一样的人来珍惜你、来爱你。请你更加去爱你自己，坚信这样子的自己是值得的。你会成为一个能够自我珍惜的、非常珍贵的存在，你的价值是由你自己去创造的。

现在请摆脱掉认为自己不幸的这种自我怜悯，选择让自己获得幸福。请认清楚我们所生活的世界是由我们自己创造的，而不是别人，然后去改变你的选择。从让你成为更好的自己开始，学会表达你的意愿，学会拾起明确拒绝的勇气。这一开始可能会很难，但请试着持续练习下去，好好练习守护自己的价值和珍贵，不要再在人际关系里被人牵着鼻子走了。当一个人独处也感到足够幸福的时候，他就不会在人际关系里被人随意左右了。这样子的自己不会再害怕这个人会不会讨厌我，我会不会变成孤孤单单的一个人。即使我独自一个人也完全可以成为一个幸福的人。换句话说，拥有这种自尊心的人在人际交往中反而会得到更多的爱与尊重，这就是自尊心的力量。

请试着去改变你自身的香气。当你的香气发生改变时，喜欢你之前所散发出的香气的那一类人将不再对你现在的香气着迷，而会转身去别处寻找，而喜欢你新的香气的人则会被吸引到你身边。就像你希望的那样，你会遇到这样的人：真心珍惜你、真心爱你；让你的内心更加丰盛、充满喜悦；让你闪耀着更加美好的光芒。为此，你只需要稍微去珍惜一下你自己、去爱你自己就好。你只需要将那些理所当然的事情稍微往后推迟一下，先去成为更好的自己。所以请竭尽全力，好好守护好你自身的香气吧，用你进一步的成长和进一步的完整散发出更加美丽、更加美好的香气。

希望这次分手能够成为你不再重蹈覆辙的美好经验。真心希望你能通过这次的分手成为更好的自己，遇到更美好的爱情。你一定会做得很好的，你肯定能做得到的。你一定要记住：你爱自己多少，这个世界就会爱你多少。所以你一定要好好地爱自己，现在的你也非常值得被爱。我将为你加油。

Q：我曾经向您咨询过一个问题："爱也是真爱，喜欢也是真喜欢，但是因为缺乏信任，所以好像不能再继续交往下去了。"今天我整理好了一切，打算回到一个人的生活，虽然可能会很辛苦，但是时间应该会解决一切的吧？

A："虽然随着时间的流逝，现在的伤口会愈合，但是如果不能跟随着时间一起成长的话，之后肯定还会因为同样的事情而痛苦的。"（节选自《不要失去勇气，请加油》）我们要和时间一起去练习如何让自己变成一个更完整的存在，并因此学会成长。我希望你不要把时间当作一剂良药去依赖，而是要依靠你自己的成长。将现在你独处的时间当作让你成为完整的自己和获得成长的机会，开心地度过这段时间。为此你当下必须要经历这份痛苦。无论在什么时候，生活所赋予我们的痛苦都不会超出我们的承受范围，它将我们拥入怀中，恳切地希望我们能够成长，希望现在的我们能够幸福。不要去逃避或者回避现在这段痛苦而又艰难的时光，让我们好好地面对吧。就这样，为了治愈当下的痛苦，去拼尽全力。

如果你一直害怕独自一个人去做一些事情，那么你就尝试着去做自己曾经和别人一起做过的事情。一个人去看电影，一个人去吃饭，一个人去旅行，自己买礼物安慰生病的自己。在这样独处的时间里去聆听你内心想对自己说的话，你的内心或许有一个声音在说："一个人去旅行会让人感到有些羞耻。"如果你听到了这个声音，请安慰自己说："没关系呀，我不是也在的嘛。现在我会和至今还独自一人的你共度这时光，我会和你更加亲近，我会来爱你。"如果你有恐高症，虽然会很害怕，但还是要去高的地方看一看。好好去面对那些过去因为恐惧而无法做的事情，那些因此而一直逃避的事情。就这样，你一天天地成长，你的内心将会变得更加美好，然后努力去珍惜、去爱你原本真实的样子。你的内心将会变得更加丰盛，你的自尊心将会变得更强。这样的内心和自尊心将会保护你，使你在以后免受伤害。

在你与时间一起成长的时候，即使跟目前这件扰乱你内心的事情相似的事情再次发生在你身上，你也能够坦然面对。你能够面带微笑战胜这个考验。你一定要记住，"随着时间的流逝，伤口是可以愈合的"这句话只说对了一半。虽然现在的伤口会愈合，但是如果我们在其中并没有得到成长，那么我们终究还是会因为同样的事情而再次受到伤害。在当下那些能够让你成为更完整的自己和让你获得成长的事情面前，请不要逃跑。希望你能够好好守护自己，不要再让自己反复受到同样的伤害。真心希望经过现在这些痛苦的历练，你的人生会变得更加美好、更加幸福。我会为你加油。

Q：为什么会这么累呢？我分手之后一开始还能泰然处之，但是渐渐地越来越累，可能是因为感到空虚。请问我该怎么办才好呢？

A：如果曾经全心全意地对自己的爱人表达过自己的爱意，也被全心全意地爱过，当这种感情突然消失之后，我们会感觉到很孤独、很空虚。两个独立的个体相遇之后成了一个新的整体，现在再次分解成两个个体，这一过程肯定会很折磨人，所以你感到很累也是一件很自然的事情。你和我的颜色混合之后，我们两个人创造出了一种新的颜色。为了靠近你，我甚至放弃了某些属于我的东西，但是突然之间这一切都消失不见了，我难免会有一种空虚感。你我的颜色早已混为一体，想要清除掉你的颜色，这个过程肯定会很痛苦。过去你一直牵着我的手，现在没有了这样的你，我一定会怅然若失。过去我的身边一直萦绕着你的温暖，现在这份温暖突然消失了，我肯定会有一种冰冷的感觉。原本不太有实感的分手在现实的空气里沉重地压在了我的身上，所以我会突然感到很痛苦，不由自主地流下眼泪。这种痛苦的感觉就是分手，这是将曾经深爱过的你从我的生命中剥离出来的过程，曾经的我有多爱你，现在的我就有多痛苦，这是我们在选择结束一段感情后所应该承担的后果。

但分手是在你考虑清楚了这一切后果之后毅然决然的选择啊，所以你要咬紧牙关扛过去。这是你的选择，请不要逃避你的责任，而是要全力克服目前这种状况。这是属于分手的一部分，你要完整地结束上一段感情，这将是你迈向新感情的第一步。如果你没有办法摆脱掉你现在的状况，那么无论你是重逢故人，还是偶遇新人，带给你的也许都只会是另一种伤痛。请努力让自己即使一个人也过得幸福，成为更好的自己。去和朋友们见面聊聊天，一个人出去走走，读读陶冶心灵的书籍，听听演奏会。之前因为自己沉浸在感情中，所以忽视了自己，没能照顾好自己，没能好好地爱自己，现在去和自己痛快淋漓地来几场约会吧。以前会习惯性地将自己的爱给予别人，现在请把这份爱找回来赠予自己。就这样好好地去爱自己，让自己哪怕独自一个人也能够充分地感到幸福，散发着耀眼的光芒。

请不要试图通过解决表面的问题，来消除当下这种空虚的感觉。因为表面上你通过一时的乐趣和满足获得了暂时的幸福，但是当这一切归于平静之后带给你的是更大的空虚感。请闭上你的眼睛，走进你的内心，去面对你的内心，去倾听这段时间被你忽视掉的心声。你的内心正在说着些什么呢？正在向你高呼些什么呢？它在说："你一直以来都把精力倾注在别人身上，所以我感到很孤单，感到空落落的。"它还说："如果你长时间忽视我，那么我就会向你发射一个信号，让你一直看着我。"这个信号就是你现在所感到的空虚感和孤独感。

但如果你错误地理解了这个信号，将重点放在了外部，而不是回归到你的本心，那样的话你的心该有多痛苦啊。请仔细倾听来自你内心的声音，你的心将会告诉你怎样才能真正地填满你的空虚，怎样才能让你真正地获得幸福。你会通过当下的痛苦浴火重生、凤凰涅槃，即使现在的你感到很痛苦也没关系的，真的没关系的。衷心希望在你收到这份叫作"当下的痛苦"的礼物之后，能够得到成长，成为更加幸福的自己；希望你不要逃避分手后应承担起的责任，能够直面痛苦、克服痛苦。虽然这个过程痛苦万分，但还是希望你能够怀着一颗爱自己的心去生活，希望你如同一朵美丽的花，娇艳欲滴，含苞待放。

Q：昨天我和男朋友分手了。不到一天的时间他就交到了新女朋友。我不知道自己该怎么去接受这件事情，现在既有些厌恶他，又有些恨他。

A：分手就是你允许对方投入到别人的怀抱当中，允许曾经属于你的眼神和爱意不再属于你，允许曾经紧握住你的那份温暖去温暖另一个人，这一切的一切你都要有心理准备。如果你们已经分手了，那么你就不能再去追究关于他的这些事情，因为你前男友并不是出轨。他能够迅速走出一段感情，又迅速进入一段感情，这只能说他并没有那么爱你。这虽然会让人感到伤心、气愤，但对于你前男友来说，他有专属于他的恋爱风格，你也有专属于你的恋爱风格，你们的恋爱风格不同罢了。所以与其怨恨他，你更应该将这些视为分手的一部分去接受。

分手后看着对方无所谓的样子，虽然会有些伤心，但是跟对方相比，感到痛苦的你才是帅气的那个。如果真的爱过，如果双方真的是曾经彼此的真爱，那么分开一定会感到痛苦的，所以你在下一段感情里还是会真心真意地去爱，真心真意地去痛的。有这种心态才正常，这样的人才有资格去爱，也才值得去爱。而对感情持无所谓态度的人是不会那样深爱着某个人的，他在一段感情里，无论是开始还是结束都不会学到很多东西，这个人的爱情观是不可能成熟的。但是你正在逐渐变得成熟，你会收获到更美好的爱情。那个人可能还是会以这种无所谓的心态去面对他的下一段感情，但是用这样的心态去谈的恋爱可以称之为真正的爱情吗？还有，这样的爱情真的能幸福吗？

请不要去怨恨，现在沉浸在痛苦中的你更加的帅气、美丽。现在让自己接受分手这个事实，集中精力彻底地从这段感情中走出来。不管你的前男友过着怎样的生活，你都没有再插手他生活的资格了。虽然你很难接受这个事实，并且感到痛苦万分，但是这是你在分手后，作为前任应该做到的事情。我希望你能够彻底地从这段感情中走出来，然后再全心全意地迎接下一段爱情。希望你在每一段恋情当中都能够变得更加成熟理智，总有一天你会迎来一份能够陪你到永远的爱情。衷心祝愿你成为幸福的自己。

Q：分手……我是在看完金作家您写的文章之后才来咨询您的。您的作品真的给了我很大的安慰，让我忍不住流下了泪水。我会好的，对吧？

A：没关系的，你会好的。我也经历过分手，有时候好好的，但还是抵挡不住突如其来的悲伤，忍不住大哭一场。我曾经也对一个人无法忘怀，但是现在回想起来，当时那段感情的结局只能是分手。即使让我再来一次，为了彼此的幸福，我还是只能选择分手。为了让我们意识到这一点，这种程度的痛苦是我们必须要去经历的。即使感到很痛苦也没有关系，真的没关系的。你经历的这份痛苦一定会带你投入一个更加美好的、更加温暖的爱情怀抱。虽然你现在还不敢去想你下一次的爱情，但是当你挺过这漫长的分手痛苦之后，你会遇到一个更加美好的人，谈一场更加美好的恋爱。所以就让自己去痛吧，一切都会好的，你会因为当下这份痛苦而变得更加美丽耀眼。

我不会对你说什么不要再难过了之类的话，我想对你说：如果你感到痛苦，那就让自己痛痛快快地痛一场；如果你想哭，那就让自己痛痛快快地哭一场。希望你能够乐观地看待这份痛苦，经历了这份痛苦的你会变得更加幸福，你会迎来更加美好的爱情。为了你的幸福，不要去厌恶这份痛苦。有了当下这份痛苦的经历，你会变得更加成熟，并会因此迎来更加美好的爱情，我真心为你加油。

Q：看完您的文章之后，我想了很多，心情也变好了许多。但我好像还是没有从分手的痛苦中完全走出来。我要装作没关系的样子，假装自己很开心吗？还是要真实地宣泄出自己内心的悲伤呢？随着日子一天天过去，我会逐渐适应的吧？我有些担心自己会承受不住。请问我该怎么办呢？

A：这段时间你一定过得很辛苦吧！首先我希望你不要再让自己沉浸在痛苦里了，或者说，不要再让自己更痛苦了，希望你能和这份痛苦和平共处。你不需要刻意装作云淡风轻，即使你费尽心思还是会痛苦，何必呢？请正视这份痛苦，并且接受它，不要去做无谓的抵抗。如果你能够诚实地看待这痛苦，你会变得更自在一些。如果你的心里有个地方空了出来，那就将爱装在里面。"因为这段时间你一直过得很痛苦，所以我怀着爱惜你的心情为你准备了礼物。"请你用这种心态去珍惜你自己，去爱你自己。

找个时间，和自己来一场约会，一个人去旅行，一个人去美美地饱餐一顿，一个人去购物，一个人去看看电影，一个人听听音乐，和朋友们聊聊天，谈一谈这段时间各自的生活。注意，在这个过程中你要怀着爱惜自己的心情去安慰自己，去拥抱自己。当我们处于痛苦之中的时候会想：过段时间就好了，时间会解决一切的。比起关心我们的内心状况，我们通常是将之放在一边，不去理会的。但是时间治愈不了痛苦，随着日子一天天过去，你或许会慢慢走出你当下的这份痛苦，但是如果你再次遇上同样的事情，你还是会再次深陷痛苦之中。如果你是真的想彻底治愈好自己，不让自己继续痛苦下去的话，你就必须要去关注你的内心，和你的内心一起成长。现在你的内心正在向你倾诉，"那些伤害让我变得破碎不堪，请治愈我，请关心我，请珍惜我，请爱我"，你才会感到如此痛苦。现在请不要再无视你内心的声音了，请你好好面对你当下的痛苦，去安慰自己，去治愈自己，让自己成长起来。就这样，你把对外的关心与爱收了回来，完全转回到了自己的身上。在这个让你成长的过程中，一定会有让你痛苦万分、艰难绝望的时刻，但是你一定会一点点地找回你失去的光芒和活力。你会慢慢变得更好、更完美，带着美丽的微笑。成长之后的你一定会收获到一份让你更幸福的爱情。

　　我的读者朋友们在向我做情感咨询的时候，我经常从她们那里听到这样的烦恼："我看男人的眼光很差，所以我在每段感情里都受到过伤害，搞得自己痛苦极了。因此，我对重新开始一段感情这件事情充满了恐惧。"我认为她们之所以会有这种想法，是因为她们相信时间是治愈一切的良药，从而太过于依赖时间了。虽然时间在不断地向前，但我们依旧是原来的那个自己，不曾改变，所以我们还是在重复着与之前相似的事情。虽然当时那件带给你痛苦的事情会随着时间而完结，但最终你还是会反复经历同样的痛苦，所以你要和时间一起成长。为了不再反复经历同样的事情，你必须做出改变。如果不去改变你自身的能量，你所吸引到的人和吸引你的人与过去你遇到的那些人也不会有什么区别。

　　请你挺过当下的痛苦，让自己重新振作起来吧。与其逃避痛苦，我更希望你用自己的成长去治愈这份痛苦，让自己闪闪发光。人在经历痛苦之后往往会发生脱胎换骨的惊天巨变，有些人不知道自己为什么会变得非常成熟，成了一个真正的成年人。其实这是因为他们在面对痛苦时没有丝毫的逃避，虽然痛苦得死去活来，但是比起逃避当下，他们选择了振作起来。就这样，他们不断地成长。请不要认为将正在经历痛苦的你扔进时间这锅汤药里就万事大吉了，而是要和时间一起去经历、去成长。希望你不要再奢望时间能够解决一切，而是要去依靠自己的成长让自己获得新生，那样你才会得到真正的治愈，那样你才会成为更加幸福的自己。你一定会得到彻底的治愈，你一定会通过自己的成长得到真正的幸福，以及将来美丽的爱情。我将真心为你加油。

Q：去年这个时候我跟一个男孩子交往过，和他分手的原因是他劈腿了。从那之后，一直到现在我也没能真正放下过他，并且还在某次醉酒之后给他发了消息。可能是因为要适应异地的生活，自己曾经很依赖这份感情，所以到现在还是念念不忘。我到底该怎么办呢？

A：你现在应该很痛苦吧。不管那个人是什么样的人，对你来说都是曾经让你全心全意依赖过的人。现在分手让你失去了这个可以依靠的怀抱，或许正是因为这样，你才会更加放不下这个人。我认为这个世界上最能让我们去依靠和依赖的怀抱就是我们自己的怀抱，只有我们自己的怀抱才能永远为我们敞开，所以我希望你现在能慢慢让自己变得独立起来。我相信如果你能够将自己包括性格在内的各方面变得完整，然后再去和某个人交往的话，你一定可以拥有更加美好的爱情。当我们自身有缺憾的时候，孤独感也会遮住我们的眼睛，让我们无法清楚地知道眼前这个人是不是真的适合自己。并且如果我们自己不能给予自己幸福的话，我们就必须要一直依赖别人，这样的自己是靠不住的。别人的怀抱或许可以向我们敞开，但是无法永远地存在。每当这个时候我们的心就会痛苦万分，这是一件多么令人伤心的事情啊。

如果自己首先成为一个完整的人，那么因为这份完整，那个陪在你身边向你敞开的怀抱会更具有永恒性。比起互相吐露彼此的缺憾，从而相互依赖，我们自身的完整性更能够让我们建立起一段相互展示彼此的完整、相互分享彼此幸福和喜悦的关系。希望你现在这段分手的经历能够成为一个契机，让你顺利走出当下，找回你那生机勃勃的内心以及包含其中的真正幸福。请记住，你最可靠的避风港不是别人的怀抱，而是你自己的怀抱。让你不再去依赖那些带给你伤害的人，让你成为更加完整的自己。

　　一个人格不完整的人在依赖他人的时候会变得格外执着，这种偏执会让对方感到有压力，对方最终会因为无法忍受这种压力而选择离开。很讽刺的是，你越是执着地想要抓紧眼前的人，这个人反而会离你越来越远。如果对方就这样离开了你，你就会跟现在一样再次陷入痛苦之中。现在是时候让你自己变得更完整了，只有这样你们才会以彼此的信任为基础去相爱、去分享彼此的幸福与喜悦、去分担彼此的痛苦，就这样相互依靠着、彼此安慰着，而不是彼此执着、彼此压抑、彼此恐惧对方会离自己而去。

　　这个世界上没有谁能填满你空虚的心，能填满你心的只有你自己。如果想要依赖别人，那么你就会再一次重复经历你曾经的痛苦，再一次受到相同的伤害。"虽然我一个人也足够让自己幸福，但是这漫漫人生，如果有你陪伴，我会更加幸福。"只有当我们拥有这种心情的时候，爱情才会因为彼此的完整而散发出永恒的光芒。我们在这爱里成长，这爱因为我们变得更加美好。这种完整感会成为彼此坚实的怀抱，给双方带来安慰与喜悦。只要身边有彼此的陪伴，就能忘记生活中所有的担忧与痛苦。这就是爱。真正的爱情是两个人在一起会过得更加开心、给彼此带来更大的抚慰，而不是两个人的结合只会让彼此陷入更加不安和痛苦的境地。为了迎接这样的爱情，现在要用珍惜自己、爱自己的心态去过好每一天，让你独自一个人的时光不再孤单寂寞。

　　用你自己的爱意与真诚填满你的内心。试着一个人去挑战完成那些自己一直以来不曾独立面对的事情，那些要有人陪伴才能完成的事情。跟某个人交往不是为了填补你的不完整，不是出于你的某种需求，而是因为当和这个人的相处时光令人愉悦的时候，你会更加爱你自己。因为害怕一个人独处，所以为了避免空虚寂寞而开始的这段感情，最终还是没有办法让彼此的心得到满足，交往之后的你们反而会变得更加空虚。

相反，尽管一个人的人生已经足够精彩，但是如果这是一个因为彼此的相遇而让你愿意与他相约未来的人，如果说这是一场充满了美好意义的相遇，那么由此展开的感情会使彼此的心变得更加完整，这样的一段关系才会充满了愉悦与丰盛。为了在所有的关系中都能享受到真正的快乐，为了和真正珍惜你、爱你的人一起开始一段更加美好的爱情，请你先过好一个人的人生吧。你一定要记住，当你感到孤单寂寞的时候，你是没有办法分辨出哪个人才真正珍惜你、爱你的。这个可能会陪你走过往后几年人生的人，说不定也会给你带来痛苦与伤害。当然在每一段经历中我们都能学到些人生的经验，但是如果那个时候我们就能遇到那个能够看到你的珍贵之处、愿意守护你这份珍贵的人岂不是更好？你不能因为这段无法陪你走到终点的爱情，这段会带给你痛苦的邂逅而去浪费你的时间。你的人生太珍贵了，不是吗？我希望你一定要让自己成为一个完整的人。

Q：在上一段感情中，我的前任脚踏好几条船。因为事情都已经过去了，所以虽然有种很恶心的感觉，但是我并不认为这是命中注定的事情。这种疲累的心情总有一天会消失的，对吧？

A：现在的你应该感到很痛苦和很受伤吧，抱抱你。与其试图依靠时间，不如依靠自己的成长去解决问题。虽然当下受到的伤害会在这一天又一天的日子里得到愈合，甚至连疤痕都不会留下，但是，如果我们在这段经历中没有丝毫成长，总有一天还是会因为同样的事情而再次陷入痛苦之中。请以当下的痛苦为契机去审视自己，为了将来的幸福请让自己成长起来吧。你的成长能够带给你一段更加美好的相遇，你也会用更加成熟的目光看待那些出现在你生命中的人。请不要相信"时间就是良药"这句话，一定要挺过当下的痛苦，让自己成长起来，好好地练习一下如何珍惜自己、爱自己吧。当你拥有了这种自尊心之后，它会保护你不受到伤害，向你传授人生智慧，让你过得更加幸福、更加美好。真心希望你一定要将这剂名为"成长"的良药涂在你现在的伤口处，让自己脱胎换骨重获新生。希望你将来的爱情里充满前所未有的幸福。

Q：我和前任分开之后并没有感到很伤心，并且也已经在接触其他人了，所以内心没有什么太大的波澜。但是，虽然已经开始一段新的感情了，却还总是会想起他。我觉得这个世界上好像没有比他更爱我的人了，我想和他重归于好。请问我该怎么办才好呢？

A：我认为现在的你比起要投入一段新的恋情，比起要重新挽回你曾经的爱情，你更需要先完成命运安排下的离别。和曾经真心实意爱过的人分开，这绝对不是一件稀松平常的事情，只不过是你当时没有什么实感，但痛苦会在你往后的生活中慢慢地显现出来。"分手？就还好吧，没有想象的那么严重。"但是在一个月后的某一天你却突然流下了眼泪，开始思念这段已经逝去的感情，并沉浸其中，痛苦万分。因为现在你切身感受到了分手的痛苦，因为你的心终于彻底明白了一个道理——曾经一直陪伴在你身边的他现在真的从你身边消失了。要不断地忍受这撕心裂肺般的痛苦，熬过这段让自己撕心裂肺的时间，然后就这样把你曾经付出过的爱重新收回，这就是结束一段感情之后要经历的过程。只有当你一个人独处时不再感到孤独，当你开始珍惜你自己、爱你自己，这段感情对于你而言才是彻底的结束。为了能够彻底分手，我们还需要经历多少次撕心裂肺，流下多少眼泪，承受多少痛苦呢？

但是你并没有给自己这样的缓冲时间，而是直接开始了一段新的感情。在这段感情的持续过程中，上一段感情分手后的痛苦开始向你袭来，你开始苦恼："是继续待在现在这个人身边，还是和前任重归于好？"这是因为你害怕独自一人，他一直陪在你的身边、一直注视着你、一直握着你的手，但是现在你的手中却空无一物，你的身边没有了他的陪伴，这让你感到极度孤独又极度恐惧。但是你跟他分开，是你在复盘了你们一路的感情之后慎重做出的选择啊。虽然分手不是一件容易的事情，但你还是咬紧牙关选择和他分手了啊。虽然会觉得痛苦、难过，但总是要好过困在这段感情之中忍受着对方带给你的痛苦。你是在深思熟虑之后，确认对方不是那个能陪你度过一生的人后，才选择和他分开的，不是吗？所以请花些时间学着对自己的选择负责吧，不要因为害怕痛苦而仓皇逃跑。

　　不管多难也要咬紧牙关承担起分手的责任，在这痛苦的时间里重新找回完整的自己，完成命运赋予你的分手使命。如果你还没有彻底结束自己的上一段感情就急匆匆地投入新的感情当中，即使你能够再次跟你的前任重归于好，最终这段感情还是会因为自己的不完整而以分手告终，彼此徒留悲伤。如果还没有整理好自己的上一段感情就开始了新的感情，你也会因为不彻底的分手、依旧留有的迷恋，而在现有的这段感情中整天为是否要分手摇摆不定。这会不会给你、给你的现任、给你们的爱情、给你们彼此造成很大的伤害呢？你们很可能不得不承受更多的痛苦，结果可能会更令人心碎、更让人崩溃。即使在这样的孤独与寂寞中瑟瑟发抖，也还是要重新振作起来，因为决定分手是你自己所做出的选择。与其选择逃避，不如选择咬牙承受，在独处的时光里尽最大的努力重新做回那个完整的自己，让自己变得幸福。这才是真正的分手，这才是分手后我们应该做到的。只有成为完整的自己，你的下一段感情才能闪耀着更加美好、更加幸福的光芒。如果你因为害怕独自面对生活而选择逃跑、转身投入到一段新的感情之中，那么你的下一段感情也会因为你自身不够完整而无疾而终。

不能因为害怕面对当下的孤独寂寞，害怕承受当下的痛苦就选择逃避。这样的话，还将会有让你更痛苦的事情出现在你往后的生命中。这是你曾经的爱情啊，也是你曾经爱情的结束啊，不是吗？就像对爱情负责一样，结束一段爱情也要尽到自己的责任。即使痛苦万分，即使受尽折磨，面对我们应该要做到的事情还是要尽我们的全力去做到，不能逃避。就这样彻底地结束这段感情，做到真正的分手。在你开始一段新的感情之前，希望你先好好地告别你的上一段感情，做到真正地分手，希望你能拥有一段缓冲的时间，让你先做回完整的自己。只有这样，你的下一段感情才会坚定地绽放出它的美丽。我相信你一定会做得很好的。

Q：我男朋友很喜欢身体接触，之前因为相关的问题分过一次手，但和好之后总是说想要更进一步，发生关系。虽然他会征求我的意见，但是每次约会的时候总是会半强迫性地对我动手动脚……我因为很害怕和很讨厌他这个样子，所以也哭过很多次。他好像确实很喜欢我，但又好像是因为喜欢我的身体才跟我交往的。我该怎样面对他、面对这段感情呢？

A：你的男朋友选择跟你在一起，似乎并不是因为爱你，而只是为了满足自己的欲望，所以这让你感到很受伤。你并没有感到他对你有多真心，因此你对他热衷于身体接触这件事情充满了抵触。他至今还没有向你敞开心扉，还没有确认这段感情是不是对的，却总是想发生关系。

肢体接触就是这样的，当对彼此深沉的爱意无法用"我爱你"如此简单的一句话来表达，又想迫切地做些什么的时候，大家一定会想和对方牵手。当仅凭牵手还是没有办法疏解心中的滔天爱意时，就会发展到拥抱彼此、亲吻彼此。在感觉这些还是不够的时候，就会想着发生关系。因为我太爱你了，任何语言在我对你的巨大爱意面前都显得苍白无力，为了疏解这种郁闷的感觉，我想把你融进我的身体之中，和你成为一体。不是为了发泄自己的欲望，而是想告诉你我爱你。只是因为太爱你了，所以才想拥有你，才想与你合二为一。

只有当彼此都有这样的想法时，我们发生关系后内心才会有种快要溢出来的满足感。这是将彼此心中所有的爱意都给对方，让彼此都更进一步确认对方爱自己的过程。但当我们因为忍受不了空虚寂寞而发生关系，我们就会感到一种没有被彻底满足的饥渴感以及罪恶感。如果你是单纯为了发泄自己的欲望而和某个人发生关系，你的内心是缺少爱意的，所以不能很好地照顾到对方的感觉，并且对方也会觉得自己是被想要发泄欲望的你利用了，从而内心受到了伤害。或许你也正是因为这种被利用、被迫做出牺牲的感觉而感到痛苦和受伤吧？

如果你的男朋友是一个看重当下即时欲望的人，一个给你的内心带来负担的人，又或者是一个没有耐心等到你对他彻底打开心门的人，那么我想说，你就不要再和他见面了。你最终会因为痛苦和疲累而选择放弃这段感情的，所以没有理由非要继续这段感情，将自己置于痛苦之中，不是吗？不能放任对方为了自己的欲望而利用你，不是吗？没有必要因为一个不懂得你的珍贵的人而贬低自己的价值，不是吗？你的价值需要你自己去守护啊。

如果是因为你害怕和这个人分手之后会再次成为孤家寡人，即使你不确定他是否真的爱你，你还是依旧对他抱有迷恋，还是会和这个让你心灰意冷的人继续走下去。如果是这样的话，那么我不希望你这样做。真爱一个人的话，会因为在一起的时间太珍贵，所以总是会想念彼此，不断积攒着关于对方的回忆，在这个过程中曾经还是两个单独个体的你和我逐渐成为一个整体，爱情就是这样一件美好的事情。但是比起爱情里这些美好的事情，总将自己的欲望放在第一位的人，他爱的不是你，而是他自己的欲望。不要因为无法舍弃那瞬间的感情而去辜负你自己的价值。

请和一个认为跟你相处的时间很珍贵，所以想和你在一起的人去交往。一起吃饭，一起压马路，一起坐在咖啡厅里聊天……和这样一个最珍惜这种平凡琐碎的人交往，在这平凡琐碎的时间里，你们会因为彼此的一个微笑而感到幸福。和一个不把发生肉体关系作为恋爱目的，而是想和你一起创造珍贵回忆的人交往。和一个在交往过程中因为足够爱对方才想发生关系，并且能够耐心等待你调整好自己心态的人交往。

发生关系并不是一件不好的事情，两人真心相爱的话当然会发生肉体上的关系，这也是彼此表达爱意的一种方式，但是把发生关系当作爱情的全部就另当别论了。如果是因为太爱彼此，"我爱你"这三个字没有办法将我的爱意表达出千万分之一，这个时候的灵肉合一将不仅仅是停留在感官满足上的空虚体验，而是能够透过肌肤，直达内心。

你的男朋友并没有为了你的幸福而去努力，而是贪图自己一时的快乐，甚至不惜带给你痛苦。比起让自己努力去理解这样自私的人、努力去爱这样自私的人，我更希望你能够捍卫好你自己的价值，留出时间去珍惜自己、爱自己。在这样的时间里，当你自身渐渐变得完整，就一定会吸引来属于你的良缘。为了得到一份真正的爱情，我希望你能够捍卫好自己的价值，不断完善自己。我将为你今后的爱情加油鼓劲。

因为自卑而难过的时候

Q：最近总是会感到很自卑。因为总是拿自己去跟别人比较，所以情绪变得很敏感，也经常会因为一些小事发脾气，冲不相干的人发火。这样时间长了，就越来越讨厌去学校。自己内向的性格也让我一直感到很苦恼，已经努力不给自己太大压力了，但还是会经常陷入情绪敏感的怪圈当中……我该怎么办呢？只要一上学就感到整个人都不好了。

A：首先，我希望你不要再这样努力去让自己没有压力了，执着于用消极的方法去战胜消极的东西，这本身就不会对你有帮助的。与其将注意力放在那些消极的事情上，不如选择去看看那些积极的东西。就算你再喜欢草莓，也没有这个必要去讨厌橘子啊。去听听平时喜欢听的音乐、读读书、写写日记、和好朋友见面聊聊天，试着去做一些让自己心情变好的事情来缓解压力。

到目前为止，你一直都做得很好，将来你也一定可以做得更好。因为想要做得好，所以现在才会觉得又累又辛苦，不是吗？请告诉自己"没关系的，到目前为止你已经做得足够好了"。经历了当下的考验，之后你会成为更加帅气成熟的自己。当下的痛苦对你来说是一份礼物，是一份让你获得成长和幸福的礼物。生活绝对不会让超出我们承受范围之外的考验降临到我们身上，因此这考验我们完全可以承受，我们将跨过这道难关。经受住考验之后的我们将会变得更加强大，所以请不要失去勇气，稍微放松一些。你一定会经受得住这个考验的，你会战胜它，你会变得更加幸福，你会成长许多。

虽然人们会将自己过得辛苦的原因归咎到自卑上，但是在很多情况下人们是因为自尊心太弱才感到自卑的。我希望你能够坚持不懈地提高自己的自尊心，从承认自己所具有的价值、爱自己所具有的价值开始做起。不需要和别人进行比较，你本身就是这个世界上独一无二的珍贵存在啊。如果你有凡事都要比较一番的习惯，那为什么不改变一下比较的对象呢？现在有一个方法不但可以提高你的自尊心，也能克服你想与别人比较的心态，当然最重要的是可以让你自己更好地成长起来，找回属于你自己的光芒。

这个方法就是将今天的自己与昨天的自己进行比较。如果说昨天的你过得有些不幸、对他人怀有嫉妒之心，那么今天就请努力让自己更幸福，请试着真心为他人的成长和成功鼓掌祝贺。比起昨天的自己，今天请试着对人们更亲切一些，多多表达自己的谢意。就这样日复一日，你能想象到自己会发生多大的变化、会成长多少、会获得怎样的幸福吗？一想到自己会变得幸福，你不感到心动吗？所以与其拿自己和别人比较，还不如拿今天的自己跟昨天的自己相比较。这个时候，自己无论是在学习还是在其他方面，都取得了一定的成绩，只有看到自己每天都在进步，我们才能以一种自豪感继续生活下去，而不是背负着压力艰难前行。这种比较会让我们每天都沉浸在成长的喜悦之中。

最后我想说，即使你的性格内向也没有关系。我也是内向型性格的人，在这个世界上有很多受人尊敬的伟人，他们的性格也都是内向型的。内向的性格其实是一个很大的优点。性格内向的人能够拥有细腻的内心，他们更加懂得关怀别人，更加懂得倾听别人的故事。对其他人来说，内向的人是一个更温柔、更温暖的存在。性格内向并不是什么缺点，而是一个非常珍贵的优点，你明白了吗？

当下你真实的样子已经足够美丽帅气了。不仅仅是对其他人，对你自己而言，你的存在也是一件非常值得令你欢喜的礼物。既然如此，你在当下的这个瞬间还有什么理由感到不幸福呢？现在的你已经做得足够完美了，将来的你也会一如既往地完美下去。我相信，如果你为了让今天的自己比昨天的更幸福，为了成为一个成熟的人而一直不断地努力进步，那么你就一定能获得一个美好的内心和外在的成就，我将永远为你加油。这个世界上最重要的是我们自己啊，你一定要幸福啊。

Q：金作家新年快乐。周围的人好像都很瞧不起我，这是因为我太自卑而产生的错觉吗？我经常因为这个问题而精神崩溃，这是我自己的问题吗？我该怎么调整自己的情绪呢？

A：不要让自己因为人们投来轻视的目光或者做出无礼的行为而感到羞耻，不用去管别人怎么想你，专心做自己的事情就好，不要太在意这种感觉。当你觉得别人瞧不起你的时候，与其感到愤怒或者自卑，不如让自己稍微地抽身其外，用从容的心态去观察和看待自己因别人的态度而发生变化的心情。首先我希望你能把这个过程当作一种练习，并且能够一直坚持下去，不要放弃。每当觉得别人瞧不起你的时候，与其深陷其中，不如将自己抽离出来，将注意力集中在你的工作上。如果你能一直坚持锻炼自己去拥有这种从容的心态，那么你就会感到这种无礼的行为给自己带来的耻辱感与自卑感在慢慢减少。

你越执着于某件事情，就会越发消耗你自身的能量，你会渐渐成为这份感情的奴隶；但是当你不再去在意这件事情的时候，你反而会越发自由。无论是怎样的一种情绪，如果让你感到困扰的话，都把它放到一边，将自己的注意力转移到其他的事情上，这样的话就能轻易地得到解脱。当然了，一开始你会感到自己被困在负面想法之中出不来，因此改变这种习惯需要你付出一些努力才行。但是如果你一直坚持不懈地努力，在还未陷入负面想法之前，你就会先看到正在酝酿这种负面想法的自己。到那个时候，你就再也不会因为这些负面情绪而让自己焦头烂额了，因为这是你为了自由而做的练习。

练习到一定程度之后，比起被困在负面情绪中不能自拔，你会将这种情绪搁置在一旁，在心里留出一块轻松舒适的空间让自己全身心投入到工作中去。这样子的话，或许世界还是会无礼又粗鲁地对待你，但是你不会再被这些事情影响了。尽管受到的是一些不值一提的冷眼，但还是会让自己一整天的心情垮掉，脑海中充斥着一些负面的想法……想想这种生活、这样的自己是多么不幸啊，而不被这些事情影响到的自己又是多么自由和幸福啊。希望你能够找回这样幸福的自己，成为更加自由的存在。比起那些负能量，我希望你能够借助你生命中的那些正能量成就一个幸福的自己。

Q：我一直因为外貌问题而感到很自卑。即使周围的人对我说"你长得并不丑啊"，我也觉得他们像是在说谎，我也不太喜欢表现自己。所以我好像是自己先给自己下了判断，认定自己是一个无法得到爱的存在，然后才有了后面的举动。

A：我认为不管你的长相如何，只要你出生并存在于这个世界上，就已经足够有理由让你得到爱了。不是因为其他什么原因，而是因为你的存在本身就是你被爱的理由。如果是因为外貌而感到自卑，那这样就太可悲了，这些都不重要啊。当今世界外表至上的观点大行其道，这样的世界令你感到十分陌生与痛苦。重要的东西难道不是那些用肉眼看不到的珍贵吗？你试图摆脱自卑感而不断挑战自己，以及由此带来的心理变化才是真正让你散发出美好光芒的东西啊，不是吗？那些才是真正珍贵、真正美好的东西啊。

有个人说，不久之前他连坐公交车都会感到十分害怕，但他现在克服了这个恐惧。虽然手心还是会出汗，虽然还是会因为太紧张而全身上下都用力绷着，但他还是向前迈出了一步，最终成功地坐上了公交车。虽然现在还是有些不方便和辛苦，但是他的心里时刻具备着挑战的勇气。他曾经因为恐惧而紧张得瑟瑟发抖，但现在通过不断挑战自己使自己不断成长，每一天都过得很开心。

这样的挑战和成长才会让我们成为更加美好的自己啊，这才是真正的帅气和美丽啊，不是吗？比起长得好、身材好，那些肉眼看不见的价值才是真正珍贵又美好的存在啊。你是想成为一个外表美丽的人，还是想成为一个内心美好的人呢？特蕾莎修女和甘地是因为长得漂亮和帅气才得到人们的尊敬和喜爱的吗？

很显然，你是一个可以不需要依靠外貌、单单依靠你的美好就可以影响这个世界的存在啊，一个抛开外表也依然闪耀着耀眼光芒的、在这个世界上属于独一无二的存在啊。因此，你绝对不需要有这样的自卑感，你只需要培养一双能够看到美好的眼睛，并懂得珍惜就好。不要为了得到爱而努力，而是为了爱自己、为了分享自己满满的爱而努力。当我们没有自信的时候，就连别人对我们的称赞我们也会怀疑；但当我们自信满满的时候，被别人指责我们也不会在意。为了养成这样的自信，我们要培养自己美好的内在。我真心希望现在已经足够美丽珍贵的你，能战胜自己的自卑，灿烂地微笑着。我真心希望并祝愿你能够幸福。

Q：当我看到那些已经小有成就的同龄人时，心中总是会有一种深深的自卑感，而且还会无缘无故地焦虑起来。虽然大家选择的路不一样，但即使再不一样，我也还是忍不住有种落于人后的感觉。我该怎么办呢？

A：这个世界上重要的不是结果，而是过程；重要的不是你当下所处的位置，而是你将要前进的方向。与其和别人相比较，不如去拿今天的自己跟昨天的自己相比较。如果今天的自己还会因为自卑而感到疲累的话，那么就让明天的自己克服这种自卑感，变得勇于挑战。就这样一步接着一步向前迈进。如果说昨天的自己有些不友好，那么就让今天的自己变得亲切随和。就这样一天一天、一步一步地做出改变，让自己不断地去成长。当你由此体会到成长的快乐时，真正幸福的、令人心动又美好的生活就会展现在你眼前。

你与其让自己深陷在自卑当中不能自拔，我更希望你能够沉醉于成长的那份悸动当中，成为一天比一天更美好的自己。昨天在餐厅吃饭时，我看到有一群人冲着正在服务他们的老板娘大发雷霆，问为什么蔬菜只给这么点儿。虽然最终他们得到了足够数量的生菜，但是这个过程并不美好，所以当我们看到这个场面的时候就会不自觉地皱起眉头。重要的不是我们取得了什么成就，而是我们把这个过程变得有多么美好，是在这个过程中我们的态度——我们是否选择了让自己成长，不是吗？你没有必要感到焦虑，全身心投入你的生活中吧。如果你竭尽了全力让自己的人生像花一样绽放出更美丽的色彩，用真诚的心态去度过当下及以后的每一天，那么这样的你已经足够美丽又帅气了。

首先你要改变生活的目的和生活的态度，在这之后要利用自己的自卑感实现自己的目标，把因为自卑而产生的焦虑感转化为热情。如果你感到焦虑的话，那么你就会更加努力，不是吗？虽然现在你充满了自卑感，但是如果缺乏现实的努力，以后现实和梦想之间的差距会越来越大，这样只会加重你的自卑感。所以要将这种情感投入到积极的心态之中，使自己做出改变。如果自己的心态发生了变化的话，那么现实条件也完全可以被改变或者被推翻。虽然刚开始你会焦躁不安，但在不知不觉间将自己如此之大的热情和努力投入到了某件事情上，这本身就是一件很有成就感的事情，每一天都会是令你心动不已的一天。这样一来，你将会渐渐变得不再自卑，取而代之的是你逐渐变得自尊自爱起来。

　　你能否克服你的自卑感取决于你对于克服自卑这件事情是否下定了决心。我们对生活的看法决定着我们怎样去生活，请不要以能否获得成功为目标，而要以能否获得成长为目标。如果你真的喜欢和热爱自己所做的这件事情，那么对你而言，真正重要的东西就是做这件事情所收获到的快乐本身，你完全没有必要再去感到自卑与焦虑。我将真心为你的成长和幸福加油。

　　Q：我的痘痘比较严重，因此承受了很大的压力，甚至很害怕见人。想了很多办法，也去皮肤科看过，但是都没有什么成效。眼看着自己变得越来越没有自信，做事情越来越畏手畏脚的，请问我该怎么办才好呢？

　　A：你一定很辛苦吧。请记住，你怎样看待自己，世界就会怎样看待你。如果你认为长痘痘是一件很羞耻的事情，并且因此觉得自己长得不好看，那么这个世界也会这样去想你。相反，如果你觉得自己即使长了几颗痘痘也不会影响到你的颜值，那么这个世界也会这样去想你。

请留意一下你周围自尊心强的人是怎样生活的，这个世界又是怎样对待他们的吧。那些被冠以"伟大"这个形容词的人虽然外貌并不出众，但依旧受到无数人的尊敬和喜爱。这件事情告诉了我们，你生活在这个世界上，并不是被这个世界上的条条框框束缚着的，而是挣脱各种束缚之后在这个世界上"生活着"的。因为所有的一切都取决于我们的心态，因为在同样的情况下，人们可以根据自身的成熟度做出上万种选择。

如果我是你的话，即使我有皮肤问题，我也会挺起胸膛来面对这个世界。如果有人用我的外貌来评价我，比起感到羞愧，我更怜悯他们。他们是一群只能看到我外表的人，有必要因为他们的想法而辜负自己珍贵的内心吗？如果这群人因为我的外貌而不愿意去赏鉴我的人生、只属于我的内涵和颜色的话，难道这不是他们的损失吗？比起颜值高的人，我更喜欢和善于沟通、对我温柔又友好的人相处。即使这个人的颜值再高，如果彼此沟通不顺畅的话，即便是暂时的相处也会令人感到孤独，甚至感到痛苦。你想认识什么样的人，又想成为什么样的人呢？

放下想要在所有人面前呈现出完美状态的欲望，下定决心尽最大努力去成为一个真诚的人、成为一个美好的人就可以了。要让自己学会自尊自爱，可以试着用成长的心态去度过每一天。这种自尊心会保护你免受来自他人的评价与攻击，并且能够帮助你从自我封闭的防御性心态中摆脱出来。当你听到有人说"你长了好多痘痘啊"的时候，不要感到羞耻，也不要试图找些借口来维护自己。报之以灿烂的微笑，大大方方地承认就好："对啊，最近是不是长了挺多啊？"当我不再试图捍卫自己的某一方面时，这个世界就再也没有办法伤害到我。当我承认并接受我的缺点时，它就不再是我的缺点，而成了我的一个特点。

在这个世界上最不幸的事情就是不爱自己。如果我们爱自己，那么不管别人如何看待我们，我们都不会被他们的视线或者他们说的某句话所左右。不要抵触当下真实的自己，不管你拥有怎样的外貌，也永远是一个珍贵而美好的存在。请从珍惜真实的自己、爱真实的自己开始做起。请用饱含爱意的眼神看着镜子里的自己，对自己说"我爱你，我爱你"。比起因为自己的外貌而感到很大压力，如果去接受、去爱这个样子的自己，那么这些痘痘会不会也好得更快呢？请去爱你自己吧。竭尽全力去爱自己，也尽最大的努力去治疗你的皮肤问题。

如果说一开始自己接受皮肤治疗是因为讨厌长着痘痘的自己，并且害怕皮肤问题进一步恶化，那么现在的你是以珍惜自己、爱自己的心情接受治疗的。我们去牙科，可能是因为害怕自己的牙齿出现问题，但也可能是因为自己爱惜自己的身体才去的。虽然前者和后者的结果是一样的，但是我们的心态却决定着我们能否变得幸福。我真心希望你能够改变你的心态，成为更加幸福的自己；找回你的自尊，能够更加珍惜自己、爱自己。请放松一些，不要过于担心。加油!

Q: 我经常听到别人说我"以前长得很漂亮，为什么现在变成这个样子了"的话。这让我压力很大，毕竟长相也不是我能够控制的。因为很伤心，所以我更加执着于自己的长相。请帮帮我。

A: 让我们转换一下自己的心态怎么样？不要再过分注重自己的外貌问题。学着从人们对你外貌的评头论足中培养自己自在的心态，养成一种"不管我的外表如何，我就是我"的自豪感。对自己的工作抱有最大的热情；给予他人温暖的关怀与爱护，拥有这样一颗无私奉献的心；克服当下的苦恼，让自己得到成长，让自己变得更自由，让自己成为一个更幸福的人。凡此种种看不见的价值都能带来珍贵，并由此给你带来美好。努力拥有能够看到这些美好的眼睛。用只有幸福的人才能拥有的眼神和用只有真正美好的人才能拥有的微笑培养出来的人不只是外表帅气靓丽，更会有着优雅的魅力，令人印象深刻。

在这个世界上你能拥有很多美好的事物，但真正让你变得美好的是你的生活态度和你对生活的看法。现在让足够漂亮美好的你变得丑陋的不是别的什么，而是你认为自己长得丑陋的这个想法。试想一下，如果连你自己都不疼爱你自己的话，那么你的心该有多痛啊。请从认为现在的自己已经足够美好开始做起，真正使你变得美好的，就是你内在的自尊心。人们会被你的这种笃定所吸引，希望你不要太在意别人的看法。你就是你，不需要谁的认可和评价；你只是你，仅仅因为这个理由，你就已经是一个美丽又珍贵的存在了。

为了成为真正美好的人，为了成为真正幸福的人，为了成为真正自由的人，我希望你能够把你当下的苦恼当作一个契机，进一步塑造自己的内在美，从而收获真正的美好。我希望你能知道当你就这样一步步地成长，当你自己最珍惜自己、最爱自己的时候，你就会成为一个真正美好的人。并且到了那个时候，不管别人如何评判你，都不会影响你成为一个幸福的存在。这仅仅是因为你明白你就是你，你认为自己是一个珍贵的存在，你爱你自己，所以你不会再被别人的话所左右。迄今为止，你因为没能好好爱自己而让自己的心受到了伤害。请对你的心说："对不起，我以后会更加爱你、更加珍惜你的。"就这样好好地去珍惜你自己吧。就这样成为一个真正美好的人。一定要幸福啊，知道吗？

Q：金作家您好！我经常会看网页上的一些文章，这给我带来了很多的安慰与治愈。因为我有一些问题始终想不通，所以就试着在这里写下了这些文字，想请您帮我略微解惑一下。我的性格有些内向，人也无趣，所以总是感到很自卑。虽然之前我也努力地调整过，但是我自己觉得很尴尬，所以就放弃了。我有一个关系很好的朋友，性格活泼又有趣，所以我和这位朋友在一起的时候总是会有种自卑感，同时心里也充满了羡慕。而我因为不太说话，情绪表达得也很委婉，所以周围的人也因此感到有一些压力。现在我的自卑感变得越来越严重了，我该怎么办才好呢？

A：海明威是我很喜欢的一个小说家，他说过这样一句话："真正的高贵，不是优于别人，而是优于过去的自己。"真正美好的是今天的我比过去的我成长了更多，不是吗？所以你不要和别人进行比较，你只要在属于自己的人生中尽力成长就好了。

如果今天的自己比昨天的自己成长了一点点，这样下去，以后的自己会成为多棒的人啊！就这样一点点地从自卑中走出来。如果说昨天的自己态度不够好，那么今天就让自己更友好一些；如果说昨天的自己对生活有很多不满，那么今天就让自己对生活多一些感恩；如果说昨天的自己对某个人怀有怨恨之心，那么今天就努力让自己试着去谅解对方；如果说昨天的自己因为和某个有趣的朋友相比较而产生自卑感，那么今天就努力让自己更落落大方一些。与其跟别人进行比较，不如将今天的自己与昨天的自己进行比较。这跟与别人相比较不同的是，自己与自己的比较不会产生任何负面的作用，只有让你变得更加幸福、更加美好的奇迹般的效果。如果用这种心态去面对生活的话，通过天天提升自己的人生满足感和自尊心，当下的这种自卑感马上就能翻篇，成为过去的事情。

我认为摆在你面前的第一个课题，或许就是消除你当下的这种自卑感。比起害羞内向的性格，你更羡慕活泼外向的性格，那不如让我们来看一下当下的你所具有的性格都有哪些优点吧。有点儿无趣又怎样呢？你是一个特别温暖的人啊，你比任何人都懂得去倾听别人的痛苦，为了不伤害到别人，你总是在照顾别人的心情。当一个人身心俱疲的时候，他们首先想到的不是那些幽默风趣的朋友，而是你。因为你性格内向，所以你比别人更细心、体贴。对于别人而言，你的性格如宝石般珍贵。所以请给予自己再多一些的尊重、再多一些的爱护，让你真实的样子能够散发出更灿烂的光芒。

如果所有的人都是幽默风趣的，非常擅长逗人开心，那么当我们疲惫不堪的时候就没有可以让我们依靠的臂膀了。如果这个世界上只有那些忙于在我们的痛苦面前耍宝的人存在，这该是一件多么令人痛苦的事情啊。如果世界上有这样的人，那么就一定要有那样的人才行。并且我认为，你真诚的一面是你可以觉察到很多人的痛苦，并且给予他们安慰，你并不是这个世界上无数个人中的渺小一个，而是独一无二的存在。能够真挚地对待他人的你也并不是一个在愉快的氛围中独自严肃的人啊，虽然你不是氛围担当，但是你只要和大家一起笑、一起闹就可以了。毕竟对于有趣的人来说，有人觉得他们有趣，他们才是真的有趣。只要这有趣的氛围是真的让你觉得有趣，那么你们在一起的氛围就会变得不知该有多好呢，这样子就已经足够了啊。

你不要太过担心，比起这些，你独特的性格其实更加宝贵。现在的你最需要的不是改变你自己，而是改变你对自己的看法。请改变你对自己的看法，我相信你内向的性格一定会丰富你今后的人生，让你散发出更闪亮的光芒；我相信因为你的这种性格，总有一天你会获得更多人的认可和喜爱。历史上很多创下丰功伟绩的人都是内向的人，我坚信现在已经足够宝贵的你将来会更加幸福，你现在的性格将会帮助你获得一个精彩万分的未来。我将真心支持你，并为你加油。

梦想，挑战

Q：我经常怀疑我是否真的能实现自己的梦想，这种感觉总是令我疲惫不堪。虽然我的梦想是成为一名模特，但是脑子里却乱糟糟的，没有什么想法。如果您觉得不知道说些什么回复我的话，就请对我说一句"加油"吧。请给我一点儿力量，让我好受一些。

A：我并不想对你说"加油"这两个字，因为我也是在追梦路上跋涉的人，茫然无措、焦急压抑。所以，有着同样经历的我深深地明白你的感受，明白这有多累、多痛苦。但即使这样也没关系的，我曾经也因为压力过于沉重和思想混乱而在梦想面前惴惴不安，也曾痛哭流涕。即使当下的每一天也都在负重前行，但是我决不会放弃。因为我们迫切地希望梦想实现，所以才会经历当下的痛苦啊。所以没关系的，现在的痛苦，比任何时候的痛苦都要美丽。

如果梦想比这些沉重的感受还要更重要的话，那么我就会继续在追求梦想的路上走下去。我认为想要实现梦想，最起码要具备对梦想的迫切感：只有我迫切地想要实现自己的梦想，才能让我无论面对什么样的困难都不会放弃，总有一天我会触碰到自己的梦想。

如果你真的对梦想充满了迫切感，那么在面对自己面前这些沉重的压力时，与其崩溃不能自持，不如咬紧牙关承受着。这能够证明我们是有能力，也有资格实现这个梦想的。虽然可能会很辛苦，但是因为我们对实现梦想的心情是如此迫切，所以就让我们在梦想面前做一个坦荡磊落的人吧，成为一个迈着轻松的步子前进的人。

对我来说，比起结果的好坏，现在的我心中怀揣着我人生中最珍贵的梦想，并正在向着这个梦想走去，这本身就是一件美好的事情。太多的人因为恐惧连梦想都不敢拥有，所以走在实现梦想的路上本身就是一件意义非凡、珍贵非凡的事情。我们就这样，在这条路上成了更有内涵、更为闪耀的存在。没有关系的，这段经历只有我才能够去体验，在实现梦想的过程中我所学到的经验会使我成长为一个成熟、深沉又幸福的人。这本身就已经很成功了。

我不会跟你说"请不要再让自己痛苦了，加油啊"之类的话，而是想告诉你即使经历痛苦也没有关系，即使有些疲惫也没有关系，所有的一切都会好的，所以放心吧。到现在为止，你忍受了多久的压抑愁苦啊，但是即使这样，你都没有放弃，一直在朝着你的梦想前进着。这样的你真的是很了不起啊，这样的你一定能到达你梦想所在的地方，在通往梦想的路上也一定会获得成长与幸福的。我将真心支持你，并为你加油。

Q：我发现自己总是在做出某个选择的瞬间陷入苦恼当中。有两条路摆在我的面前，每一条路都有各自的优点，所以我无法做出选择。其中一条路走起来可能会有些辛苦，但却是通往我梦想的道路；另一条路则走起来会更舒服一些，也更容易获得成功。这种时候我该做出怎样的选择呢？

A：我认为当你在问我这个问题的时候，心里其实已经有答案了，你只是想从我这儿再得到一些勇气罢了。首先，当你脑海中有很多想法的时候，不要只是一味地苦恼，重要的是你当下要迈好每一步。这是我的个人经验，所以可能并不适用于所有的人，但是就我个人而言，几乎没有过这种经验——只通过一味地苦恼就能解决问题。

我曾经因为留学还是复学的问题苦恼过很长一段时间，真的苦恼到了最后一刻，到了要做出决定的时候，我内心中最真实的想法才显现了出来。在那一瞬间到来之前，我好像一直都在苦恼着，所以我最终坚定地提交了我的休学申请书。在仔细倾听过我内心的声音之后，最终我才发现内心真正想要的是选择休学来实现我的梦想。从一开始我的内心就想要我走这条路，只不过我的大脑却接收不到我内心的声音。即使做出决定的最后期限不是在一个月后，而是在明天，我还是会做出这个选择。

你不要太苦恼这个事情。披头士乐队有首歌是这样唱的："Let it be。（顺其自然吧。）"把苦恼先放在一边，我们按照自己的意愿生活下去。神奇的是，在这个过程中总会出现解决办法的。就像遮住太阳的云彩一样，萦绕在我们心头的很多想法和苦恼掩盖了我们内心真正想要的东西。请仔细倾听来自你内心的声音，答案一直存在于其中。如果我们相信我们自己的心，愿意倾听它的声音，我们就能够听到我们的心在向我们高声呼喊着："真正能够让你得到成长和幸福的道路是这一条啊。所以，我们就选择这条路吧。"

请朋友吃饭的时候，如果这顿饭并不是出自于我的本意，花一百韩元我都嫌贵；如果是出自我的本意，花上一万韩元我也不嫌多。所以请仔细感受一下你的内心。如果说我听从了我的内心，做出了自己的选择，那么我将来就不会因为这个选择而感到后悔。即使我的内心所选择的这条道路布满荆棘、更加崎岖，但我会在这条路上得到更多的成长。就这样，我会成为一个更有内涵、内心更广阔的人。与我们的内心不同，我们的大脑总是向我们展示着更加舒适、对我们更加有利的道路，而我们的内心却在告诉我们哪一条道路才是能够让我们真正获得幸福和成长的道路。就这样，我们的心在说："我们出生在这个世界上的唯一理由就是，去走一条能够让我们得到成长的道路。"

当你对一件事情感到很苦恼的时候，请先把它放到一边，尝试着仔细倾听你内心的声音。那个时候我们就可以很容易地做出选择，我们的人生也会开始变得更加丰富起来。我们在走一条别人没走过的路，将会获得全新的体验、全新的知识！真正重要的是我们会在生活中不断成长。面对选择时，不要害怕，不要太执着，而是要将更多的心思放在你的美好人生上。用你丰富的人生经验去试想一下：你是要选择一条让你的内心变得更美好的道路；还是从物质方面出发，选择一条已经设定好的安全之路呢？你是选择成长，还是选择成功呢？

你的心应该已经知道答案是什么了，并且从你的提问中我也已经知道了你会选择哪一条道路。要记住，没有倾注真心的道路总是会让我们陷入空虚当中，忽视内心的声音所做出的选择总有一天会让我们陷入后悔的泥潭里苦苦挣扎。如果我们选择了一条即使走到生命的最后时刻也不会感到后悔的道路，那么无论何时，我们都在成长，并因此而感到幸福。做出你认为正确的选择吧，为了你的成长，你的幸福，还有你的梦想。你一定能够做出最好的选择，不是因为别人，而是因为你自己。我会一直为你加油。

Q：当下我走的道路与我的同龄人截然不同，我不知道选择走这条道路是否正确，心中充满了恐惧……

A：当下我们走的这条道路与世界上很多人走的路并不相同，这并不意味着我们走了一条错误的道路。人迹罕至的路，路况不会好，周围也不会有很多服务设施，野草和树木也都杂乱无章地生长在各个地方；人们经常走的路则正好与此相反，非常干净整齐，也会有很多服务设施。这两条路的区别在于是否有很多人走过，但是我们要记住，一条被修葺得平整夯实的道路，最初也因为人迹罕至而崎岖不平。对于一开始决定要走这条路的那个人来说，这同样也是一条充满危险的道路，同时还是一条遭受众人非议的道路，但是那个人还是选择听从自己的心走上了这条道路。也因为最初走上这条路的人，现在有很多人在这条路上走得很顺利，所以这个人改变了世人的偏见，他也作为一个如此伟大的人，一直被人们铭记着。

我们在自己选择的道路上成为领路人就可以了，只要我们改掉对这个世界的偏见就可以了。虽然很多人选择了世界给他们设定好的舒适之路，但还是有人选择了伟大的冒险之路。这个世界上能够选择这种冒险之路的人并不多，所以仅仅是他们做出了这个选择就已经很了不起了，非常值得称道。这需要顶着所有恐惧与反对，为了实现自己的价值和梦想而鼓起你所有的勇气。如果这条道路是你想走下去的，如果这条道路能够给你带来某种意义和价值，那么至少对你而言，走上这条路是一个正确的选择。比起放弃自己想体验的意义和价值，而去走一条这个世界已经给你设定好的人生之路，这条冒险之路会更加丰富多彩一些。走在这条路上，你的心会怦怦地跳动着，浑身充满了力量，你会比任何人都要幸福。

这难道不是真正的幸福吗？这难道不是将自己的人生变得无与伦比的美好吗？内心依旧炽热，浪漫的热情让人心跳加速、充满活力，每天都是快乐的。比起每天等待着下班、等待着周末，因为不愿开始新的一天而不愿醒来的人生，走这条路会让你每天都有自己喜欢的事情，所以总是怀着兴奋的心情、竭尽全力去挑战某件事。就这样，每天都浸润在梦想之中，并向其倾注了足以感动上苍的真诚，这样的你理所当然会获得成功。比起其他人，你也一定能成就更伟大的事业。你不是被迫，而是因为喜欢才去做这些事情，所以做起来也肯定会比任何人都要努力，不是吗？

到那个时候，人们反而会羡慕做了不同选择的你。之前那些反对你的人也会因为看到你收获了幸福和喜悦而羡慕你。就这样，你成功改变了这个世界的偏见。所以不要害怕，如果你是一个能够成就伟大事业的人，你就必须要承担梦想所带来的所有恐惧。这就是你选择的梦想啊，这就是梦想选择你的理由啊。即使大家都在反对你，我也会相信你，并支持你。哪怕某一刻你因为害怕而踟蹰不前，我也会相信你，支持你。你现在已经做得很好了，将来还会做得更好的。因为这个人是你，所以你一定会做到的。我真心支持你去实现你的梦想，并获得你的梦想带给你的幸福。

Q：金作家您好，现在距离高考还有一百二十多天，请问您对高三学子有什么想说的吗？我现在就是一名高三的学生，学习成绩不好也不差，徘徊在中游的位置。我经常想自己是不是真的要去念一所大学，我认为如果不能进入所谓的名校学习，那么念大学就没有什么意义。我最近有些想不明白念大学的意义之所在，脑袋有些混乱，成绩也不算优秀……我周围学习好的同学们都已经开始申请名校了。我尽管不想让自己去想这些事情，但总是控制不住。

A：如果你认为普通高校对你来说并没有什么意义，并且你拥有能给你自己带来意义和价值的梦想，那么选择去追随自己的梦想也许是一件正确的事情。但是如果你不但觉得学习这件事情没有意义，对于其他的事情也同样没有什么兴趣，那么在这样的情况下，你要先尽自己最大的努力去学习，看看自己努力的极限在哪里，并试着去超越这个极限，用这种心态去提升自己。我觉得通过当下这段时间你会得到更多的成长，而且我相信即使有一天你有了新的梦想，现在你所做出的努力也一定会对你的新梦想有所帮助。如果一个人能够在某件事情上拼尽全力，那么他在另一件事情上自然也能够拼尽全力。

不妨就把这剩下的一百二十天当作历练自己的时间，尽全力试试看。在当下的混乱当中，如果你尽了自己最大的努力去面对你现在的人生，那么将来你再遇到其他问题，你就可以以更加健康、端正的姿态去面对。建议你不要把考上一所名校当作自己的目标，而是以战胜自己、获得成长为目标，全力以赴到最后一刻。如果你现在不去努力，那么当你在面对你的另一个人生"考试"时，很有可能也不会尽自己的努力去做些什么。请以培养自己对待任何事情都要全力以赴的习惯为目标，不断挑战自己。

如果现在的你不努力，那么明天的你也不会努力。你如果想改变你的习惯，改变你的想法，从现在开始就要做出改变。因此，请不要错过当下这个时机。请记住这一点：人的一生，重要的不是最终的结果，也不是你所处的位置，而是你前进的方向。在你当下所处的境况当中克服自己内心的混乱，全力以赴去提升自己的成绩，我相信这个过程本身就能带给你巨大的成长和有益的经验。如果你带着这种成长的心态去奔向属于你的前方，那么我相信，前方无论如何，你到达的地方都会因此而变得美好。我相信，如果这种心态能够在你的心中打下烙印，那么你绝对会因为自己这颗坚强的心而提高你对人生的满意程度，让你无论在什么情况下都能获得幸福。我希望你把这最后的一百二十天变成你获得成长的一百二十天。

Q：我好想放弃啊，但这是我一直以来的梦想啊，我真的不知道自己的梦想能不能实现，所以我现在特别害怕。尽管如此，我还是想实现自己的梦想，请您给我一点儿力量吧！

A：仔细回想一下，自己当初为什么会有这个梦想吧。即使知道会面临现在这种问题，也依旧鼓起勇气，不愿放弃！完全不知道自己什么时候才能实现自己的梦想，如同行走在一条大雾弥漫的小路上一样，丝毫没有方向，令人内心充满恐惧。这种心情我也很清楚。如果可以乘坐时光机去未来看一看这件事情最终的结果就好了，但是这怎么可能呢？正是因为我们无法前往未来，所以我们才会感到如此不安。即使感到如此不安，但还是没有办法让自己放弃，直到现在都在一直忍受着不安和恐惧，这样的你该有多么痛苦啊！但是我们还是相信，相信我们的梦想和决心，相信最初的那个决心。我们当初就是为了梦想而下了那个决心，我们是不会后悔的，不是吗？我们在追梦的路上，即便是当下也在不断地成长着，不是吗？我们正在和梦想一起生机勃勃地成长着，不是吗？现在的你已经做得很好了，将来的你还会更棒。无论别人说什么，我都不会质疑你的能力，我相信你。你需要的只是一个信任你的人，不是吗？所有的人都在说你不行，所有的人都让你放弃你的梦想，所以你才会感到很孤独，也很痛苦，不是吗？所以我说我相信你。

我们不要忘记自己出生在这个世界上的缘由：我们之所以存在，只是为了获得成长而已。如果能够铭记这个，那么我们就再也不用担忧了，也没有什么好茫然的。因为我们当下选择的这条道路一定会让我们得到成长的，我们一直不曾忘记我们和梦想存在的理由，所以没有关系的，一定会没关系的。你要相信自己，并且为自己加油，告诉自己你已经做得很好了，现在的你已经做得足够好了，还有，将来的你也一定会做得很好的。人如若没有梦想，不但前途一片灰暗，就连心里那丝浪漫也会枯萎凋零。你正在守护着你的梦想啊，即使心中充满恐惧，但是比谁都要兴奋。你了解那份幸福和喜悦，所以你克服了所有的恐惧，不断前进着。

你真的做得很好，既帅气又很了不起。你鼓起了别人不曾拥有的勇气，这样的你让我觉得难能可贵。今天，你一定要美美地大吃一顿，然后对这样的自己说"感谢你一直以来都在这世界上守护着我的梦想"，然后拍一拍自己。记住了吗？我衷心地希望你继续追梦，你正在完成着自己人生使命的当下，也是你实现自己梦想的过程。我会一直支持你。

Q：周围的人都在努力地丰富自己的简历，为了跟上别人的脚步，我也正在准备托福、计算机等相关的考试。但是现在到了二十多岁的年纪，我也不知道自己擅长什么，也不知道自己到底想做什么，更不知道现在所学的专业到底适不适合我。像周围的人一样，好好丰富自己的简历之后顺利就业就是我的梦想和目标，为了这个梦想和目标我也一直在不断地学习，但我最近烦心事却越来越多，对什么都提不起精神去做。

A：你的内心一定感到很郁闷，又很伤心吧。希望我接下来所说的话能够带给你力量与安慰。有人说，人出生后会经历三个阶段：第一个阶段是关心自己拥有了什么（拥有）；第二个阶段是关心自己正在做什么（行为）；最后，也就是第三个阶段，是关心自己会成为一个什么样的人（存在）。

对于处在第一阶段的人们来说，他们的人生目标是积累更多的财富和资产，所以他们评价一个人的标准是这个人住多贵的房子、开多贵的车、穿多贵的衣服，等等。正是因为如此，当他们看到比自己拥有更多东西的人时，就会感觉自己的存在感变弱了；看到不如自己的人时，就会觉得自己很有存在感。处在这个阶段的人们，他们的自尊心是建立在随时都能消失的物质基础上的，相较于处在其他阶段的人们，他们的存在感是不稳固的。拥有某样东西，他们就会有存在感；而如果没有某样东西，他们的存在感又会变弱，所以他们才会执着于去拥有更多的东西。但是我们是不可能永远拥有某件东西的，所以他们的幸福感摇摇欲坠，一点儿都不稳固。

因为他们并没有意识到自己原本真实的样子已经足够珍贵美好了，所以总是想通过一些表面的东西寻求自己的存在感。其实撇开你自己拥有的那些外在东西不说，你仅仅存在于这个世界上就已经拥有了价值与美好。不明白这个道理的人，他们的人生该多么危险和动荡啊！因为没有这种自尊心，又因为自尊心这种东西并不是可以用物质来换，所以他们总是感到内心一片空虚，而为了驱散这种空虚感，他们总是执着于追求一些表面的东西。这样虽然可以暂时驱赶掉心中的空虚，但还是会因为又一次袭来的空虚而再次陷入追求物质的漩涡中。这个恶性循环会一直持续下去，反复上演。如果在这种不幸持续发生的过程中突然感到了真正的幸福，那些不再执着于外在，而是试图从内心寻找问题之所在的人会走向下一个阶段——"行为"阶段。

处在第二阶段的人会把自己当下所做的事情作为他们评价人生何为最重要的标准，所以即使自己穷困潦倒，但是只要自己还能够去做这件事情，那么他就会感到幸福。他们关心的点也从"那个人有什么"转移到了"那个人正在做什么"上去。因为他们拥有第一阶段的人不曾拥有过的勇气和对工作的热情，所以处在第二阶段的他们也能够轻松地战胜那些第一阶段的人难以战胜的人生考验；他们的内心也变得更加坚强，足以支撑他们继续向前出发。这个阶段的人拥有的财富反而比第一阶段的人多，也更容易在社会上取得成就。由于从自己所做的事情当中发现了价值和意义之所在，并且从其中感受到了成就感，所以这个阶段的人享受着更加健康和幸福的生活。

虽说第二阶段的人要比第一阶段的人过得更好、更幸福，但这个阶段也有其不足之处。因为我们还没有意识到除了我们拥有什么、我们在做什么之外，我们其实也是可以无条件享受幸福的存在。如果你知道幸福的根源在于你的心，那么无论我们做什么事情都会感到幸福。不是做这件事情让我们觉得开心和幸福，而是我们把发自内心的开心和幸福倾注到这件事情中去。无论我们拥有什么，无论我们在做什么，我们在每个瞬间都是作为幸福的存在去活着。所以在第二个阶段中，全身心投入生活中而无法休息的你，可能会突然产生"想抛下一切去旅行"的想法，或者质疑起"至今为止自己的生活是否是正常的"等，对于真正的幸福和存在的根源等问题产生了疑问，能感觉到当下的自己仍然是一个不完整的状态，然后审视着自己的内心。这个时候下定决心要寻找自己真正根源之所在的人们将进入最后的阶段——"存在"阶段。

处在第三阶段的人们，因为他们内心坚毅，不会轻易地因为外在的东西而让自己动摇，所以他们表面上看起来有些被动，但在生活方式上却是最具有主动性的一群人。他们对于生活的接受度高，能够重新找回被这个世界剥夺掉的自由，纠正了很多自己在无意识中所犯下的错误，成了一个更有自主意识的人。对处于这个阶段的人来说，最重要的人生主题就是"我是一个怎样的人"。因此，与其执着于自己没有的东西，与其后悔自己没有去做某件事情，他们更后悔的是自己没有成为某种人。

如果昨天的自己对某个人的态度并不友好，那么今天的自己态度要更柔和一些才行；如果发现自己讨厌某个人的话，那么之后要努力让自己多理解他一些才行；对于职场上失误的后辈要宽容一些，让他敢于施展自己的才华，不要畏手畏脚；为了给辛苦的同事们带来快乐，要事先计划好自己今天要说些什么和做些什么；要努力让自己时刻怀有一颗感恩的心，比起期盼其他事物，更应该感谢实实在在的当下，并且努力活在当下。生而为人的目标不在于获得成功，而在于得到成长，更重要的是让自己成为一个完整的存在。处在这个阶段的人们是以这样的心态去生活的，他们一定能够获得幸福。无论有没有某样东西都不会阻碍他们获得成长，因为无论正在做什么事情，通过这件事情让自己得到成长的喜悦感会存于他们的心中，之后他们再面对任何考验的时候，都会去感谢这些成长，他们会一直幸福下去。他们一直怀着一颗感恩的心来面对生活，感恩自己的存在，感恩自己活着。

我认为单单是了解这三个阶段的大致状况就会让我们的生活发生改变，所以才写了如此长的一段文字。现在的你正处于第二阶段，我觉得你应该对于跨过第一个阶段来到第二个阶段的自己感到欣慰，并对自己说"现在的你已经做得足够好了"，给予自己安慰。今天就去大吃一顿，好好犒劳一下自己吧，然后冷静地思考一下自己真正想做的到底是什么。我觉得休学一段时间也许是一个不错的选择，可以利用这段时间好好了解一下自己，好好想想自己到底想做什么，同时也让自己的心态慢慢地向第三阶段靠拢。努力让自己成为一个更友善的人吧，努力让自己拥有更多的感恩之心和爱人之心。我相信这个过程会提升你的自尊心，让你强大起来，使得自己不会轻易地被生活的考验所击倒。这也许会让你拥有力量，让你轻而易举地解决掉自己当下的苦恼。

你要记住的是，要以得到成长为自己的人生目标去度过你的人生，而不是把获得成功作为自己的目的。你当下的苦恼说到底也是上天为了让你得到成长而为你准备的礼物，所以请怀着愉快的心情去体验这份艰辛、痛苦与苦恼。我衷心希望你会因为当下的苦恼而得到更进一步的成长，你和你的人生也会因此变得更加美好和幸福。我将为你加油。

Q：金作家您好！我是一名二十多岁的学生，当初为了成为一名公务员，我考进了现在的学校，但是我又似乎没有很迫切地想做一名公务员。虽然我这样说，但其实我也没有其他什么梦想。现在眼看马上就要毕业了，我要按照父母的想法去做一名公务员吗？现在想去寻找自己的梦想，但内心深处第一反应是恐惧和郁闷。请问我该怎么办呢？

A：到底是去寻找自己想做的事情，还是去做这个世界想要你做的事情，这种二选一的苦恼我也曾经历过，所以我特别理解你那种沉重郁闷的心情，并且也很明白现在的你会有多么苦恼。你现在所做出的选择或许会使你将来的人生发生 180º 大转变，因为这是非常重要时期的非常重要的选择，现在你的内心该有多么沉重，你的脑袋该有多么乱啊。对于现在这样的你，我想说的是，现在你所面对的所有人生时刻与经历，它们只属于你，因为谁也不能替你去过属于你自己的人生，谁也不能替你承担你的选择所带来的后果。你在你的人生中所感受到的悔恨情绪也是别人无法替你去承受的，所以我认为这个选择权应该完全属于你自己。

如果你认为父母想要让你走的道路是一条正确的道路，那么你也可以选择去走这条路；但是如果这条路不是你想要去走的路、不是让你幸福的路，并且不是一条你认为正确的路，而你还是勉强自己选择了这条路，那么应该由谁来承担这条路给你带来的所有的情绪后果呢？这个选择必须由你自己去做。虽然这会让你感到压力很大，并且谁也无法预知你的未来，所以选择要去走哪条路并不是一件容易的事情。但是即便如此，你是一个懂得去承担这份沉重感的成年人啊。请不要在属于你的成年人的责任感面前，在这份沉重感面前落荒而逃。现在你的人生，完完全全由你自己选择，完完全全由你自己负责。只有这样你才会获得真正的幸福。

至于这是不是一条得到了世界上所有人的认同的道路，其实并不重要；你认为这是一条对你有意义、有价值的道路，这才是重要的。如果你能在这条你认为是正确的道路上绽放出真正幸福的微笑，那么其他人也会开始羡慕你的选择。就这样你走在了自己想走的道路上，战胜了所有的反对与偏见。这个世界上的很多人所选择的路，并不是一条能让他们自己感到幸福的道路，而是一条这个世界认为正确的道路。因此，如果有谁挺过了所有的恐惧和偏见，走上了其他的道路，并且看起来很幸福的样子，那么人们就会对这个人充满了羡慕。所以不用太过于担心，只要这个选择能让自己收获幸福，感受到意义和价值就可以了。

当时因为选择走自己这条道路的人并不多，我也感到很疲累。因为大家都不同意我的选择，并且让我选择走其他的道路。最让我感到痛苦的是没有一个人相信我，我从来没有听到谁曾对我说过："你会成功的，我会永远支持你去实现自己的梦想、获得梦想带给你的价值。"我在这条道路上独自行走，既害怕又孤独，我的周围也并没有人支持自己，这对于我来说是一件多么孤独和沉重的事情啊。但是无论如何，这是我自己的人生，并且这条道路能够给我带来幸福，所以我还是坚定地选择了这条道路。当时那些反对我的人，现在反而觉得我很了不起，甚至很羡慕我。虽然做自己想做的事情、走自己想走的道路是一件理所当然的事情，但是做出这个选择却并不那么容易。然而我还是选择了走自己想走的路，并且走在这条道路上收获到了满满的幸福。

因此，我认为你应该按照自己的意愿做出自己的选择。不管你要不要成为一名公务员，这都必须是你自己做出的选择。只有当你的想法和你想要走的路达成一致时，你才会成为一个幸福的存在。你要再好好考虑一下，并且要做好准备去承担这之后所面临的所有压力，肩负起你对自己人生的责任感。从现在开始，用你的人生和你的色彩描绘出只属于你的画。在这个过程中，如果你能够拥有幸福的感觉，并且能够感受到生命中新的意义和价值，不断地成长，那么至少这条路对你来说，绝对是一条无比正确的道路。所以去仔细倾听一下你内心的声音吧，答案一直藏匿在其中。

无论你做出怎样的选择，我都会相信你、支持你。我想告诉你："你一定会成功的，你想走的那条路绝对是一条无比正确的道路。"即使所有的人都在反对你，就算是那一刻，我也会相信你、支持你的。希望在你因为孤单、恐惧而疲惫不堪的时候，我对你的支持能够带给你一些力量。我真心为你的选择和你的幸福，以及你的人生表示祝福。这个人不是别人，而是你啊。如果是你的话，那么你一定能够做得很好的，你就是那种能够做得很好的人啊。

Q：我之前没上大学，直接就到社会上闯荡去了，但是我目前从事的工作好像不太适合我，我工作的时候也经常会有这种感觉。所以我想辞掉工作，学一点儿自己喜欢的东西，但又觉得现在开始做这些事情是不是有些太晚了。总之，我现在就处于一种特别心累的状态。

A：你一定过得很辛苦吧。我觉得在这个世界上不存在太晚的开始，有句话是这么说的："当你觉得为时已晚的时候，恰恰是最早的时候。"有人可能会觉得既然已经很晚了，怎么会是最早的时候呢？但是仔细想一下这句话，你就会发现这其实是有道理的。当我们第一次思考其他的道路并因此陷入苦恼时，往往就会觉得为时已晚。事实上，我们之前因为连苦恼都不曾苦恼过，所以根本不会有为时已晚的想法。至少我们现在已经第一次思考我们人生中的这条道路了，而如果现在开始着手做某件事情的话，这就会成为我们人生中最快的开始了，所以现在开始做某件事情绝对为时不晚。试想一下，你因为觉得已经来不及了，所以推迟了某件事情，但会不会因为偶然间再次的想起，而又一次犹豫着要不要开始呢？至少对你来说，你现在的开始是最快的开始。而且无论到什么时候，衡量我们人生的标准都是由我们自己去制订的，和别人比起来，开始得早晚又有什么关系呢？我想经历的人生是由我自己选择和决定的，怎么会有早晚之分呢？

这个世界从来没有来不及的开始，我希望你能过上值得自己去过的生活。要么选择去喜欢自己正在做的事情，要么选择去做自己喜欢的事情。如果不管怎么努力都没有办法对这件事情产生兴趣，但还是选择咬牙坚持做下去，这样的你不觉得这段人生有些太可惜了吗？在这段时间里，因为无法获得幸福而枯萎褪色的自己的心会多么受伤和痛苦啊。我希望你能够过上值得自己去过的生活，那是你的心想要去过的生活，是让你的心感到幸福和充盈的生活。你的心想要选择的道路和你现在正在走的这条道路并不是不同的两件事情，你生活的当下和你的人生只有一次，它们是如此的珍贵。

一生都在勉强自己做自己不喜欢的事情，这样的人生不会有怦然心动，也不会有生机勃勃的活力。这样的人随着时光荏苒，眼神失去了光芒，变得黯淡无光；自身的能量在不断地消失，渐渐失去了生命的活力。所以重要的是，你要为了自己的幸福做出自己的选择。很多人说梦想一点儿都不现实，但我却不这么认为。当所有的人都在说要过安稳的生活时，我想说真正美好的东西有着那些用眼睛看不见的价值和珍贵，请在自己的人生道路上去追寻这些美好。那些不平凡的伟人都说过这样的话："我有一个梦想，并相信它能够实现，因为有梦想的支撑，我才有了今天。"因此，梦想难道不是最现实的吗？

去看看那些真正热爱自己梦想的人们，他们因为正在做着自己喜欢的事情，所以整个人充满了热情与幸福。他们在讲述自己的梦想时眼睛闪耀着光芒，言语中充满了热情。这才是真正的活着啊，这才是一场值得的人生啊。所以我想告诉你："去过你想要过的生活吧，不要害怕去面对人生中的艰难考验和挑战。"如果你真的对这条道路充满了渴望，那么你就会愿意去承担这所有的历练与考验，也会有信心战胜这些考验。并且最重要的是，你会从中学到很多东西，得到很多的成长。我们走在追梦路上，所要经历的一切都会给我们的人生带来新的意义和价值，都会让我们不断地成长。这样的我们，本身就已经是优秀而美好的存在了，挑战自己想做的事情本身就会让我们的人生变得光彩夺目。

你现在要去找回被这个世界夺走的那属于自己的光芒。去仔细倾听一下你内心的声音吧，答案一直藏匿在其中。要知道，听从了自己内心声音的人和对自己内心声音充耳不闻的人，他们的人生能够到达的深度，能够获得的幸福，以及能够体验到的价值和意义是截然不同的。无论你做出怎样的决定，我都会支持你的选择。但是对于我来说，是没有办法知道其他人对你说过什么的。你也是想听一听不同的意见才找到我的，所以我将真心支持你的选择，希望你的选择能够给你带来成长，并进而能够给你带来幸福。

Q: 我现在因为自己的前途问题而感到非常苦恼，非常感谢您能给我这个机会让我向您请教！我是一名初三的学生，对外语非常感兴趣，但是成绩很不好，所以我很担心，和朋友们相比较的话，只会感到满满的自卑。我很想让自己变得更优秀，向父母尽一份孝心，但我究竟能不能行呢？

A: 你肯定可以的。一切都还来得及，从现在开始一步一个脚印向着你的梦想全力以赴吧。如果你想实现你的梦想，如果你真的很想，那你就要付出连上天看了都会被你感动到的努力去拼搏。与其苦恼自己不如周围的人，不如将注意力集中到自己的身上，专注于不断挑战自己。在这样的人生中，唯一有意义的就是不断地去前进。今天的我比昨天的我做得更好，明天的我会比今天的我做得更好。在这个过程中，重要的是你最终将到达哪里，而不是你现在在哪里。所以去制订一个目标，然后为了实现这个目标，一步一个脚印地去努力吧。如果昨天没能成功，那么今天就更加努力地去实现这个目标。不要因为拼尽全力后，依旧没有实现自己想实现的目标而去苛责自己，这只是圆满达成目标的一个过程。每天你都在不断地进步与成长，对此你要怀有感激之心，只有这样你才会乐在其中，这份喜悦也会浸入你的内心，让你散发着不知疲倦的热情。

不管是周末还是其他什么时候，至少拿出一天的时间作为自己努力了一周的奖励。吃点儿好吃的，或者去看一场好看的电影，就这样犒劳自己一下。如果你全力以赴了，你就不会后悔。你竭尽全力的过程本身就能让你的每一天都变得充实有意义，你的幸福感也会油然而生。

如果你的努力换来了你的成长和进步，那该是一件多么幸福的事情啊，我们可以继续向前走着，丝毫不觉得疲累。谁看到了不与他人攀比，而是默默在自己的位置上拼尽全力的人，不会想上去帮他点儿什么？这个世界也是这样的。只要你在自己的位置上竭尽全力，被你的热情和诚意感动的上天也会前来帮助你取得成就的。你一定可以做得很好，请不要担心。与其整天愁绪萦怀，疲于与他人比较，不如将你的精力集中在自己身上，专注过好当下的每一天。

你真的好懂事，知道要好好地孝敬你的父母，就凭着你这样一颗美好的内心，有什么事情是做不到的呢？你要记住，不用必须让自己成为第一名，你为了完成自己的目标而去挑战自己的这份努力本身就已经很宝贵了，这才是真正意义上的第一名。我希望你不要让自己绷得很紧，如果你每天都在进步，就一定会实现你的梦想；希望你能够专注于当下的每一天，专注于当下的挑战，每天都能够成为不断进步的自己；希望你能够感受到成长带给自己的快乐，并怀有一颗感恩的心，怀着激动和幸福的心情不断地朝着前方走去。我将永远支持你，加油啊。

因为人际关系而感到疲惫的时候

Q：我很难开口向别人倾诉我的辛苦。在读完您的作品之后，突然想好歹安慰一下自己，所以就打算改变一下我的内心和我的一些想法。请问我的问题出在哪里了呢？

A：如果你真的下定决心要做出改变的话，那么你的内心就会自动去纠正它认为你有问题的地方。我们的内心在我们自己的幸福面前是很自私的，从察觉到这个地方会使我们变得不幸的那刻开始，为了我们的幸福，我们的内心就会去纠正这个地方。不要忽视你内心的声音和你内心真正想做的事情，仔细去倾听，并随心而动。不要过于着急，在了解了你的内心之后，所有的事情都会慢慢得到解决的。

为什么你不向人们倾诉你的辛苦呢？首先请诚实地审视一下自己的内心，你是担心自己会成为某个人的负担，还是害怕这个人在看到你消极的一面后会弃你而去呢？然后放松你的心情，设想一下：当你向某个人倾诉你的苦恼时，如果对方觉得很有负担，那么至少说明了他不是真正珍惜你的人，这段关系对你来说也并不重要，所以你也就没有必要担心些什么了。如果我们的关系很不错的话，我会告诉你说："谢谢你鼓起勇气告诉我这些，告诉你你的苦恼，即使我只能给予你一点点力量，我依然会觉得很开心。"

至于担心别人在看到你消极的一面之后可能会离你而去这件事情，如果你真的害怕的话，我希望你能够放下想时刻保持完美形象的执念，这是一件非常悲伤和孤独的事情。如果戴着面具交朋友的话，别人喜欢和尊重的那个人，并不是真正的你，而是那个戴着面具的你。没有人会真正地了解你，你将永远是一个孤独的存在，连你都不会爱这样的自己。如果必须要扮演某种人设，这样的人生真的会成为一场令人心痛的悲剧。因此，为了你自己的幸福，现在需要摘下你自己一直以来佩戴的面具了。真实的你所拥有的那颗温暖的真心，会让你更加真切地感受到别人对你的喜爱和尊重的。

为了赢得对方的好感而戴上面具，你难道是一个如此没有魅力的人吗？当然不是啊，这个世界上没有比真诚更棒的魅力了，不要紧张，放松你的心情。反正要离开的人早晚都会离开你，即使所有的人都离开了你，真诚的你还是会拥有可靠的朋友。比起周围熙熙攘攘的虚假存在，真正率真的少数群体才显得更加珍贵。从现在开始摘下你的面具，用真实的自己去面对生活吧。如果你能够用你真实的样子去和别人做朋友，你一定会过得比现在还要幸福，并且你会发现你拥有很多很好的朋友。我会为你加油。

Q：可能是我的性格使然，比起坚持自己的意见，我更倾向于附和别人的意见，看别人的脸色，我也很难去和气场很强的人相处。这是因为我胆子太小了吗？

A：你一定感到很苦恼吧。首先，我认为你需要不断去努力改变自己这种过于在意别人的性格。在还未深入了解彼此之前，对方虽然一直表现得很亲切，但是通过加深对彼此的了解之后，知道你是一个习惯看人眼色、优柔寡断的人，一个所谓自尊心弱的人，那么对方以后很有可能会在不知不觉中随意对待你或者轻视你。一个习惯于看人脸色的人比起考虑自己的心情，会优先考虑对方的心情，又因为自己怯懦的性格而努力迎合对方，和对方的这种关系走向不是水平发展的，自然而然地会产生上下之分。

与其说是因为照顾对方而去迎合对方，难道不是因为害怕对方如何看待你，才会选择去迎合对方的吗？迎合对方，与其说是真心为对方着想，难道不是因为害怕对方不配合自己，所以才不得已而为之的吗？当我们是一个自尊心强的人时，关怀别人不是看别人脸色，而是真的想让他高兴才这样做的，所以跟对方接触的时候不会产生情感上的阶级压迫感，而只是单纯地感到开心而已。因此，为了做到真心关心一个人，为了我们自己的自尊，我们要摆脱掉那个看别人脸色的自己，成为一个有自我意识、有原则的人。所以，我们首先要学会大声说"不"的方法，也就是要学会拒绝别人。如果你的心里想"不是这样的"，那就不要为了迎合他人的意见，而去无视自己内心的想法。试着让自己去习惯做一个如此这般坚定的人吧。

直到自己所做出的每一个让步都是发自内心想要关心他人为止，在此之前我们要一直坚持练习以自己的主观意识为主导。刚开始你可能因为还不习惯，所以会感到尴尬，并且会下意识地看别人的脸色，因此这个过程算不上多容易。但是即便如此，你还是要鼓起勇气为你自己着想。如果你坚持这样练习下去，提高了你的自尊心，那么无论对方的气场是强是弱，这个时候都不会对你产生任何影响。当我不再看别人的脸色，坚持真实的自己时，即使我不去努力维护，这段关系也自然而然地变得平等起来。

我希望你不要太害怕别人会怎么看你，不要过于在意他人的目光。当我提出自己的看法时，那些少数反对我的人恰恰就证明了我有着自己的主观意识和人生信念。人这一生中，如果没有一个反对你的人存在，这样的人生可以说已经辜负了你的信念。当你坚持自己，坚持自己的信念、想法时，不要过于害怕别人会怎么看你，这种恐惧反而会让你们的关系变得失衡。当你没有这种恐惧的时候，你会更加受人尊敬，所以你要不断地去练习，练习表里如一的"好"和"不"。当你内心想说"不"，但表面上却大喊着"好"时，这绝对不是真正的照顾别人，而是你卑微的自尊要你去看别人脸色，不过是虚伪而已。

在你所谓的"照顾"是出自于你的本心之前，请不要不敢提出你的意见，从现在开始真诚地去生活。如果我们的内心变得坚定，自尊心变强，那么我们自身的能量就会形成一层保护膜。通常人们在跟擅长看脸色的人交往的过程中，一开始会觉得这样的人很亲切、性格很好，但是随着时间的流逝，人们会逐渐发现这种亲切来自于他们卑微的自尊心，是一种虚假的关怀与照顾，这时就会慢慢对这样的人产生厌烦。但是当我是一个完整的存在时，我较强的自尊心就会保护我不受这种态度的影响。我只不过是更加珍惜和尊重我自己而已，周围的人和这个世界也会因此开始变得更加珍惜我、尊重我。为了你自己，请鼓起勇气吧。鼓起勇气学会拒绝，鼓起勇气欣然接受拒绝别人后的沉默氛围。并且当你熟练掌握拒绝别人的方法之后，你将不再是那个因为害怕而无法拒绝别人的自己，你会在拒绝和选择之间变得更加游刃有余。那个时候你所做出的让步便不再是看人脸色，而是真诚地用一颗温暖的心在关怀和照顾对方。你想要成为的，和你梦想中的自己都是什么样子的呢？

我希望现在如此美好优秀的你能够获得更多人的尊重与喜爱，

我不希望你被其他人随便地对待。所以当你在拒绝一个人的时候，我希望你能够按照你的本心去拒绝他；希望你可以提升自己的自尊心，和他人建立起更加健康的关系；希望你能成为一个懂得如何去更加珍惜自己、更加爱自己的人。真心希望你能够拥有很多可以和你一起成长的良缘，最重要的是，要用真实的自己和他们相处，并且就这样去爱与被爱。你一定要幸福啊。加油。

Q: 我最近很苦恼。可能是因为我曾经在人际关系方面失误过，所以对于跟人打交道这件事情一直感到不安，待人接物经常会小心翼翼地。但我的朋友们好像都很放松的样子，好像是我自己想得太复杂了。我该怎么办才好呢？

A: 请学会去尊重和珍惜真实的自己。如果我们热爱真实的自己，那么别人自然也会尊重和喜欢我们。如果太过于在乎别人对自己的看法，不是为了自己，而是为了别人眼中的自己去生活的话，那么我们的内心也将会失去生命的活力，变得空虚。这样的我们并不真实，因为连我们自己都没有办法去爱我们真实的自己，一直在扮演着其他的样子，他们眼中的我们是那个戴着面具的我们，所以谁也没有办法看到面具之下的我们真实的模样。

请守护好你真实的自己。与其害怕让外界知道自己真实的模样，不如尊重和珍惜真实的自己，用这种心态去堂堂正正地生活。如果这样子去做的话，随着时间的流逝，一切都会自行找到属于自己的位置，直到这个时候，我们才会成为一个幸福的人，与他人的交往也会变成一件真正幸福的事情。我相信拥有珍惜自己、爱自己的自尊心是解决人际关系中所有问题的唯一那把钥匙，请紧紧地握住这把钥匙，去打开那扇曾经让你觉得很难的人际关系的门。不要太担心，先去和自己和解，再去好好地爱自己。希望你能够在各种各样的人际关系中收获幸福与平和，我会真心支持你的。你一定可以做得很好。

Q: 我有一位关系很好的朋友，我们的友谊从中学持续到大学，但是他只在需要我的时候才找我，我觉得他并没有把我看得很重要。因为我是那种很能忍的性格，不喜欢让彼此的关系变得尴尬，所以我即使感到很伤心也不会说出来，也不会表现出自己很生气的模样。我是真的不想说出来，但是现在感觉我和他的关系真的很像表面上的朋友，我很苦恼，不知道自己是该努力修复我们的关系，还是该顺其自然，不去想太多。

A: 你为什么不试着将自己的内心感受表达出来呢？因为你一直隐忍着不去表达自己的感受，所以你的朋友可能并不知道你这种难受的心情。我在想，这会不会是因为你不想彼此尴尬而选择不告诉对方你的感受，所以才出现了现在这样的问题呢？也许你的那位朋友本身性格就是那个样子，他其实也很看重你。我希望你至少跟他好好聊一下，说一说你们当下存在的这些问题。你们不是彼此很重要的朋友吗？所以这种程度的对话是可以尝试一下的，并且为了将来的自己，你也一定要和你的朋友好好聊一聊。你要不断地去练习表达自己情绪的能力，比起能够表达不满和生气的性格，很多时候内心隐忍的性格反而没有办法长久地维持一段关系。也许你认为这是好意，但是事实上并非如此。你只是缺乏表达的勇气，所以才会即使内心厌恶至极，但表面上仍然隐忍不发，装出风平浪静的样子。时间一长，由于你没有表达过自己的感受，那些不了解你，甚至不知道你的一些人是压根不会去关心你的；你虽然一直在迎合他们，但是很多情况下，他们却会认为这是理所当然的，并且经常会忘记你的存在。

因此，你为什么不试着练习一下自己表达情绪的能力呢？比如告诉对方这一点让我感到有些不舒服，所以还希望在这一方面能够顾及一下我的感受。如果你一直把某些事情压在心底，拼命忍着不说出来的话，最终出现的结果就是对方眼前的你并不是真正的你，在面对这个人的时候，你也不是真正的自己，自始至终你都不曾在这段关系里存在过。在任何一段关系中，受到大家喜欢的那个人其实不是你，因此你的内心会感到很孤独。我希望你能够去练习表达自己情绪的能力，成为一个懂得表达内心想法的人，希望你不要放弃这份幸福。在一段关系中，不是只能存在对方一种颜色，而是要你和对方的颜色混合在一起产生一种新的美丽的颜色。虽然截然不同的两个人在相处过程中，有时候会闹别扭，有时候会吵架，但最终还是会创造出一种新的美丽颜色来，这不就是所谓的感情吗？但是当你并没有告诉对方你是一个什么样的人时，在这段关系中的你也就失去了你的颜色，你的颜色会被对方的颜色掩盖住，从而只留下对方的颜色。为了不让自己去经历这种痛苦，现在就要表达出你的想法，让对方知晓你的想法。就这样，去好好守护属于你的颜色。

答应我，你一定要和你的这位朋友敞开心扉聊一下，告诉他你因为这样的事情感到很伤心；并且以这件事情为契机，今后更加努力地学着向别人说出自己的感受，努力去守护好自己。这样的你会更好地去爱与被爱，才能建立一段幸福健康的关系。不要忘记，当你好好做自己的时候，你们之间的关系会维持得更长久，并且你也会得到更多的喜爱。真心希望你能够和你的这位朋友好好聊聊，让你们的关系变得更加美好。加油。

Q：我的一个关系很好的哥哥在前不久跟我表白了，虽然我当场就拒绝了他，但那个哥哥说还是希望以后能够和我以哥哥妹妹的身份相处。我同意了，但是他还是一直跟我表达他对我的喜欢。因为我对他并没有那种感觉，所以就一直没有同意。因为是关系很好的哥哥，所以也不能不回复他的消息。有一次我有事没能及时回复他，结果他就找到我家里来了，说是因为担心我才这么做的，所以我也不能说些什么。我该怎么办才好呢？

A：不管是为了你，还是为了你的那个哥哥，你拒绝的态度都要坚决。要让那个哥哥知道他现在的行为既不尊重你的感情，也没有顾及到你的感受。虽然说是因为担心你才来找你的，但归根结底这还是按照他自己的想法做出的行为。如果他的做法让你感到不舒服，或者让你感到难堪，那这就不是在关心你，而是一种不愿克制自己情感的自私。真正意义上的关心是会让对方感到愉悦的，所以请明确地告诉你的这个哥哥："你说是为了我才这样做的，但我却感到很不舒服。这说明你做的这些事情根本就不是为了我做的，而是为了哥哥你自己，不是吗？这是一种自私的表现。如果哥哥你真的喜欢我，真的珍惜我，我希望你能够真心地顾及到我的感受，并且尊重我的感受。"就像这样去表达你的想法。如果你一直隐忍着，那么你的那个哥哥就不会知道你的真实感受，而且还会觉得他的做法让你感到很开心，所以很有可能会一直这样对你。

说到底，在你明确表达出自己的感受之前，你不能去责怪你的这个哥哥的这些做法，他也许至今都还不知道你的真实想法和感受。但是如果你已经很明确地表达了你的感受，他却仍然持续做出这些行为的话，到那时他就变成了真正意义上的不顾及你感受和心情的人。你要明确地表达出你的感受，让他知道你真正的想法，让他稍微照顾一下你的心情。如果不这样做，你的这个哥哥就会一直这样对你；如果他的这些行为给你带来了很大的压力，那么你也许会讨厌这个人。在你讨厌他之前，为什么不去给他一个机会呢？即使你们不能继续维持你们的这段关系，至少也不要让自己讨厌他。如果他还是继续这样对你，到那个时候你还是要把你内心的想法告诉他。既然如此，那何不现在就告诉他呢？因为你很有可能将来还会遇上这样的事情，所以现在就要鼓起勇气说出自己的想法，这样以后即使再遇到相似的事情时，也会更容易鼓起勇气解决。希望你这一次一定要好好地和你的这个哥哥聊一聊，圆满地解决这件事情，也希望你能将你的想法好好地传达给你的那个哥哥。

Q：我一直都在好好地看您写的文章。我现在大学毕业有一年多了，最近不知道怎么了，我和我的大学同学都失去了联系。事实上，因为之前发生的一些事情，我们之间的感情本来就有一些微妙，但是真的断了联系之后，嗯……怎么说呢，在漫长的大学生活中，竟然没有一个可以长期联系的朋友，这件事情本身就让我感到很失落，而且我变得越来越没有自信，对交新朋友这件事情也感到很茫然。请问我这样的心态继续放任下去的话，会有什么问题吗？

A：我能感受到你内心的失落和伤心，我甚至担心你在之后新的关系中还会不会再遇到同样的问题。但是与其为了抚平你现在的失落感而去建立一段新的关系，还不如利用当下这段时间好好充实一下自己，让自己不管是独自一个人还是和其他人相处都能过得很好，你先要成为一个完整的自己。你当下的失落感会不会是你的内心向你发出的信号呢？让你学会成长，用美好的价值填满这颗因为成长而感到失落的心。与其把当下这段时间当成一段艰难而痛苦的时光，不如把它当成一次机会，让自己进一步成长，让自己变得更加完满和幸福。现在这种情况让你有了照顾自己的时间，所以这段时间是生活送给你的礼物。请怀着这种想法，用一种愉悦的心情接受当下，并不断前进吧。

希望你不要把独处当作是一件令人感到孤单和恐惧的事情，这是一件充满温暖的事情，我们可以借这个机会珍惜自己、爱自己。你当下这种孤独感或许不是来自大学同学的远离，或许只是因为和亲近的人变得疏远，又或许是因为你不习惯一个人独处。请好好观察一下你自己的内心吧。就这样，正视你之前从未正视过的、从未倾听过的，所以总是孤影相对的、现在感到孤独和痛苦的你的心，并仔细倾听它的声音。不要忽视一直以来感到痛苦和孤独的自己，请紧紧地抱住这样的自己。尝试着一个人去看电影，一个人去咖啡厅看书，一个人走在夜晚的小路上思考人生，一个人去购物，一个人去吃好吃的。每天做一件以前你独自一个人时害怕做的事情。为了不让你的独处时光继续孤独寂寞下去，请试着去亲近你的内心。

当你成为完整的自己时，你也许会神奇地先收到朋友们联系你的消息，很多人会想待在你的身边，想和你一起走向未来。你珍惜自己、爱自己的这种高度自尊让你成了一个完整的存在。又因为自己的这种完整，让你能够去鼓舞别人、安慰别人，并成为他们的温暖港湾，成为一个能够真心倾听他们故事的存在。就这样，你成了人们非常渴望的珍贵存在，你所拥有的这种能量场将人们吸引到了你的身边。当你一个人也能感到幸福的时候，你只会分享你的幸福，而不是试图在与别人的交往中弥补你心中的任何缺失。因为你自身的完整，所以比起因为需要有人陪伴才去交朋友，你更是因为喜欢和这个人在一起的时光才与他交往。你这种没有私心的心态会给别人带来安慰，令他们感到舒服。

先试着去珍惜自己、爱自己，恢复好自己的自尊心好不好？把当下这段时间当作生活送给自己的礼物，并将这份成长的礼物好好地放进自己空空荡荡的内心之中好不好？当你的内心变得更加成熟的时候，在一段新的关系中就不会再重蹈覆辙了。这样的话，你就可以建立起一段更加健康的关系。当下的这段时间不会就是生活为了让你得到成长与幸福而给你准备的大礼包吧？为了让你得到成长，一天之内不知道从天而降了多少份礼物。之前一直被忽略的那些珍贵的礼物，现在要一个一个打开看看了。如果你就这样体验到了成长的喜悦，那么你的人生将永远都会向着富足又幸福的道路前进。世界上没有什么比获得成长所带来的喜悦和激动更能填满我们内心，更能让我们感到幸福了。真心希望你能够挺过当下的难关，不断地去成长，向更多人传递爱与温暖；真心希望你能够受到很多人的喜欢；真心希望你能够建立起一段长久健康的关系，收获到属于你的缘分。你一定能够做得很好的。

Q：我有一个朋友，特别喜欢在背后搬弄我的是非，所以我就跟这个朋友绝交了，但是我的其他朋友却只相信他说的话，也开始在背后传播一些关于我的谣言。在这件事情上，我真的是一个受害者，但是对此却无可奈何。我听说那个朋友现在过得不错，这让我感到非常生气。只有我知道他是一个表面一套背后一套的人，可惜周围的人都被他蒙在鼓里，所以我很想告诉大家他的本来面目。当时那个朋友对我说过的那些话，至今还在我的耳边回响，这给我带来了很大的伤害。即使已经过去了很长时间，但我也一直忘不了，心里感到很郁闷。请问我该怎么办才好呢？

A：经历了这样的事情，你该有多么郁闷和难过啊。我希望接下来我所说的能让现在的你感到些许的安慰。有人说这个世界上并没有黑暗存在，所谓的黑暗不过是因为缺少光明而已。因此当真实存在的光明去接近并不存在的黑暗时，黑暗是没有办法战胜光明的，并且马上就会消失得无影无踪。请去按一下日光灯的开关看看，你在生活中什么时候看到过日光灯的灯光照不亮黑暗，反被黑暗吞噬了呢？这件事情是不可能发生的，黑暗是一种不存在的物质。虽然我们为了方便而称之为黑暗，但事实上这只是因为缺少光明而已。这跟你要守护的真相是同样的道理，因为谎言并不是真实存在的，所以它永远无法战胜真实存在的真相。虽然谎言可以暂时地迷惑人们，但是最终会被真相战胜，溃不成军。消失，才是谎言的命运。

用谎言诬陷你的那个朋友选择和谎言站在一边，所以最终他的本来面目会被暴露在光天化日之下，谎言会不攻自破。虽然现在他的目标是你，但是从谎言的特点上来说，他也会对其他的人做出同样的事情。他本身就活在谎言之中，最终他会自乱阵脚，陷入自我崩溃的境地。他既然会搬弄你的是非，怎么可能还会真诚地对待其他人呢？很明显不能。人们总是会做出自己所能做的最好选择，你最好的选择就是告诉大家，你的这个朋友今后还是不会改变自己的。如果你没有撒谎，那么你可以默默承受现在的考验，最终误会会被解开，事情会真相大白。真的就是真的，即使不去努力证明，真相还是会散发出光明；而谎言终究是不存在的假象，无论再怎么努力，它最终会消失得无影无踪。

误会最终都会被解开，所有的谎言最终都会暴露于光天化日之下，所以不用太过于担心，只是需要一点儿时间而已。我希望你不要把对那个朋友的怨恨之情放进你的心中，让它去破坏你的美好，你要用你美好的样子坚强地去面对这一切。不管那位朋友制造了什么样的误会来诬陷你，你自身的美好也不会被破坏。你本身就是一个耀眼的存在、一个美好的存在、一个珍贵的存在，你不需要别人的认可和接受。请看看真实的自己吧，你就是那个珍贵而又美好的存在。你坚决地与这位朋友绝交，只是为了让你那颗坚强的心不会再受到伤害，哪怕被这样误会，你也能够堂堂正正做人，不改初心。

说到底这件事情会不会是生活为了让你得到成长而带给你的一

个课题呢？如果是，那么你会做出怎样的选择呢？生活是不是在考验你，看你是否有资格获得幸福呢？如果通过这个考验，那么你的生活中将不会再发生相似的事情了，即使发生了，也不会再对你的生活产生任何影响；但是如果你没有通过这个考验，那么在你通过之前，你都要不断地去经历相似的事情和状况，不断地让自己陷入痛苦之中。所以你来选择吧：是选择成长，还是选择留在原地继续深陷在痛苦之中，埋怨着某个人，甚至以后还要面对类似的考验？如果你现在选择成长的话，那么你当下所经历的这些事情和这些事情所带来的痛苦将会是你最后一次的经历。

　　请相信我，去守护好真实的自己。选择一种成熟的成长态度——懂得默默地相信真相，懂得默默地忍耐，然后把这一切都交给时间，好好观察一下谎言是怎样不攻自破的，代表你自身的真实、代表着光明的太阳又是怎样升起的。明白吗？你只要过好属于你的生活就可以了。真心希望你能够在谎言中守护好自己的真实，成为更加美丽耀眼的自己；希望你能够从真相中，因为那份真实而治愈自己因这谎言所受到的伤害；希望将来的你能够更加坚强、美好和幸福。加油，我会为你鼓劲。

　　Q：我和我的那些朋友们都绝交了，因为和她们在一起让我感到身心俱疲、伤痕累累。刚开始我觉得这些很懂得享受生活的朋友们看起来很帅气，但是真的在一起玩之后，我却发现她们每天都会玩到很晚，和一群男孩子混在一起，甚至还抽烟、对父母说谎……我很讨厌这样的自己，甚至怨恨这样的她们。所以我下定决心退出这个圈子，不再联系她们，但是我的这些朋友总是联系我。因为不好意思老是拒绝她们，所以昨天我们又见面了，又一次没守住自己的底线。请问我到底该怎么办才好呢？

A: 你现在一定感到很心累吧？抱抱你。请好好听一下我接下来要讲的这个故事：一群小孩子正在野生动物园观赏那些凶猛的动物。孩子们待在装有铁笼的车里，用充满爱意的眼神看着那群动物，喊道："狮子啊，老虎啊，熊啊。"虽然孩子们对这些动物并不讨厌，甚至还很喜欢，但是如果他们想从车里下来，或者试图向那些动物伸出自己的手，那么他们的父母、周围的大人，以及动物园的工作人员一定都会极力阻止的，因为狮子或者老虎很有可能会伤害到孩子们。

人与人之间的关系也是如此。就像孩子们虽然很喜欢狮子，但却不会向狮子伸出自己的手一样，你可以不去讨厌和你不是一个世界的人，也可以去喜欢他们，但是走向他们却是一件危险的事情，因为他们可能会使你陷入危险中去。请学会清楚地区分这三者的关系——不讨厌，喜欢，建立一段特别的关系。不要因为自己放开了那些朋友们的手而感到内疚，他们有他们的生活，你有你的生活，所以请果断一些，在拒绝他们的时候不要犹豫不决。

如果你还想听，我可以再讲一个故事给你：沙滩上有一个螃蟹贩子在抓螃蟹，但在把抓到的螃蟹放进桶里之后，却并没有合上盖子，桶里的螃蟹挣扎着想要逃跑，桶的上面又没有盖子挡住……路人看到了，百思不得其解，所以就问螃蟹贩子为什么不给桶盖上盖子。听到这句话之后，螃蟹贩子回答道："螃蟹是不会逃出来的，因为下面的螃蟹会抓住上面的螃蟹，最终上面的螃蟹都会掉落下去。"人与人之间的关系和螃蟹的世界并没有什么不同，如果你想要成长，那些处在你下方的人就会抓住你、咬住你，试图让你再次坠落下去。

如果你想要让自己得到成长，想要从现在的这种生活中摆脱出来，那么面对处在你下方的人对你的阻挠和诱惑时，你的态度一定要坚决，你要毫不犹豫地甩开她们。比起和现在这群喝酒到深夜、经常和男生厮混在一起的朋友们一起玩，当你更愿意把时间花在自我成长方面时，更愿意和那些能够坦诚交流的朋友们一起玩的时候，你的这群老朋友为了不让你这样做，会千方百计地阻挠你的，好让你继续留在原地。你在这样一群朋友的心中又有多重要呢？特蕾莎修女口中所说的"爱一个人"和希特勒口中所说的"爱一个人"会有多么大的差异啊？人们最终只有自己得到成长、自己变得完整，才能更加珍惜他人。如果在没有得到成长，只是原地踏步时，你把某个人留在身边并不是真正地爱他，你只是为了满足自己的欲望而需要他留在你身边而已。所以你要和能够跟你一起成长的、人格完整的朋友建立关系，即使那样的人不多，但至少也要努力去认识一位这样的朋友。

绝对不要因为与充斥着负能量的朋友绝交而感到内疚，请明白单纯并不等于不谙世事。尽你最大的努力让自己成为一个人格完整的人，让自己不断地成长吧。希望你能够尽最大努力去完成你的成长课题，成为更加完整的自己、更加幸福的自己。摒弃这段在匮乏与空虚中不断挣扎的关系，去追求一段用成长的活力照亮彼此的完美关系。并且为了让你自己成为那个最珍惜你、最爱你的朋友，请给自己留出能够经常独处的时间。就这样，当你不断地成长，让自己变得更加完整的时候，拥有相似的想法和价值观的朋友自然就会被你吸引，来到你的身边，你也会被这样的人所吸引，走到他们的身边。有的人喜欢说脏话，喜欢随地吐痰，喜欢和朋友们一起听嘈杂的音乐，向这个世界表达自己内心的欲望与不满；但有些人却不喜欢这样的行事作风，他们会被生活中的那些珍贵和人类内心深处的那些美好中蕴含着的正直感与责任感所感动，他们也会努力让自己看到那些不易察觉的价值，努力成为爱本身。前者无法理解后者的生活，后者也无法理解前者的生活。

我并不是在评判什么样的人生是对的，什么样的人生是错的，我想说的是两个不同世界的人，因为这份不同是绝对走不到一起的。所以与其埋怨和讨厌与自己不同的人、事、物，不如就那样接受他们。你可以去喜欢跟自己不在同一个世界的人，只要不在一起就好了。请尽你自己最大的努力，真诚地去面对你人生的每时每刻吧。就让这每一刻都充满真挚的感情并浸染上极致的美好，让当下的每一天都成为灿烂的艺术并得以绽放出光芒，让自己成为一个完整的存在。那么在你的生命中自然而然会有缘分远离你，也会产生新的缘分，把自己交给那潮涨潮落般的缘分河流。希望你不要因为自己拒绝别人而感到内疚，要变得处事果断而不拖沓，希望你能够建立起一段可以相互带来快乐和幸福的关系。你一定可以做得很好的，加油。

Q：金作家您好。我读大学要比其他同学晚一些，所以现在正在读大学的我年纪要比周围的人大上五岁。和二十岁的朋友们一起学习让我感到很累，可能是因为我已经上过一次大学了，而且稍微有一些社会生活经验，所以我有一些看不太惯他们的言行举止。他们喜欢说脏话，我总是想着这可能是因为他们的年纪还小、不懂事，但有的时候我真的感到火冒三丈，很无力。经常看到他们在背后互相说着坏话，忙着互相推卸责任、互相指责……这一切都让我感到很难和他们相处，但是大学生涯里独来独往好像也有些说不过去，可要和他们一起又觉得自己的情感消耗有点儿大。我该怎么办才好呢？

A：有句话是这么说的："在你自我提升到一定程度之前，无论发生什么事情，你都要避开有毒的人。"

就我而言，与其跟合不来的朋友一起费心做某件事情，承受着不便和压力，我更愿意一个人待着，当然如果我对此完全没有压力，能够完全理解他们的这种氛围和感情的话，那就要另当别论了，否则我更愿意一个人。我认为思考的深度和人的选择并不一定关乎年纪，有些朋友虽然年纪小，但是真的很成熟，甚至有些少年老成；但有些人即使成年之后，想问题也还是很浅薄，做事情浮于表面。因为，虽然我们必须承认我们能从很多经验中学习到"真正的智慧"，有些人会吸取这些经验，并从中寻到某种意义，使自己得到成长，但是对此不屑一顾的也大有人在。显然只要你做好你自己，你就肯定会拥有关系很好的朋友，如果没有，就先请你自己成为自己最好的朋友。

我认为绝对不能根据别人的标准而贬低自身的价值。就像我们每天吃着没有营养价值的食物，并不会变得健康一样，继续维持着对我们自己来说没有任何意义的关系，我们内心的孤独感也不会因此消失，反而会加重。我想告诉你的是，你不必努力远离你的那些朋友，更无须费尽心思融入他们当中去。我相信你即使独自一人也不会有任何缺失感，只要全心全意地专注于你自己的生活，那么自然而然你就会交到很好的朋友，不管他的年纪大小与否，你们一定都能够成为很好的朋友。我希望你不要太有压力，更重要的是，我希望你自己能够成为自己最好的朋友。真心支持你去追求自己的梦想，也希望你能在这个过程中遇到知己好友，你一定可以的！

控制情绪

Q: 我心里像是一直有个解不开的疙瘩，所以总是怨天尤人。我该怎么办才好呢？

A: 首先我认为你能够去审视自己内心充满怨天尤人的想法，并由此而感到现在的自己过得并不幸福，这些都是非常好的信号。当我们与消极的思维融为一体，并且被这种想法支配的时候，我们可能很难从其中抽身而出；但是当我们能够与这种消极的思维分离开来，并且能够审视这种想法的时候，就会更容易摆脱这种消极的思维。因为当我们没有跟这种想法分离开来的时候，我们自己是没有办法意识到我们当下正在做着这样的事情的，所以也就不会想到要摆脱掉这种想法。虽然你现在过得很艰难，但是这份艰难本身就是一个信号，让你去学会成长。我相信你只要成功战胜了这份艰难，并且振作了起来，那么你就一定能够迎来一个更加美好幸福的生活。所以不要太过于担心，不要失去勇气，也不要失去希望。

首先，你要知道怨天尤人这件事情也是你自己的选择。当我们下定决心不再选择去怨天尤人的时候，我们可能真的就不会再继续怨天尤人下去了。当然万事开头难，因为现在支配我们内心的不再是我们自己，真正的支配者在我们的内心深处，所以我们很难游刃有余地掌控一切。就像所有的事情都需要练习一样，审视我们的内心和改变我们的内心也需要不断地努力去练习，所以必须要真的渴望得到幸福才行。这种渴望最终会让我们完成这个课题，并能够改变我们这种怨天尤人的心态。那么，现在的你有多渴望从当前的不幸中摆脱出来，让自己变得更加幸福呢？现在的你已经做好了不再怨天尤人的心理准备了吗？你能够下定决心不再去怨天尤人了吗？如果是的话，现在就让我们深入到我们的内心中去一探究竟吧。

当我们第一次审视我们不幸又柔弱的内心时，我们会感到震惊万分。我们不知道有多少消极的想法杂糅在一起，将我们的内心充斥得满满的，我们实在不敢去承担这一切，所以选择了逃避，比如看看电视、看看电影、和朋友们聊聊天等，用这些方式转移自己的注意力，不再继续去审视我们的内心。在这个期间，我们可以暂时从消极的想法中摆脱出来。我们总是用这些方式从那些堆积如山的消极想法中逃离出来。当我们认为这个人在无视我们，而让我们感到非常愤怒的时候，你是否会努力让自己持续地感受自己的内心、审视自己的内心、净化自己的内心呢？还是在怨天尤人的同时又在不断苦苦挣扎着，最后实在受不了了，就将自己的目光转向了其他事情上面呢？

把目光转向其他的事情上是绝对不能从根本上解决问题的。如果真的想从不幸中摆脱出来，那么就要正视自己的内心，然后开始净化它。因此无论你用什么办法，都要不断地下定决心让自己不再继续怨天尤人下去，并且每当发现自己正在埋怨着什么的时候，就对自己说："当我埋怨某个人的时候，最痛苦的是我自己，所以就让我们放下这份埋怨吧。我爱你，我爱你，我爱你。"当你因为正在做什么事情而没有办法对自己的内心说很长的句子时，有"我爱你，我爱你，我爱你"这句话也就足够了。最重要的是你发现了习惯埋怨的自己，并且能够审视这样的自己，还开始用爱来净化这样的自己。

如果继续这种练习的话，在产生埋怨别人想法的一瞬间，我们就能够轻易捕捉到拥有如此想法的自己，并开始重新审视这样的自己。从这一刻起，我们在被埋怨的想法支配之前就可以与之分离，然后开始净化自己。因此我们就可以轻而易举地放下埋怨别人的想法。那样子的话，在某种程度上，我们的内心会产生一定的闲置空间。那么现在开始将爱意不断地填充进这个空间里，下定决心去爱自己的任何模样，就这样对自己说："我爱你，我爱你。"努力用爱来审视自己，吃饭时可爱的你、刷牙时可爱的你、镜子里面可爱的你，就用这种方式，充满爱意地审视自己，就像满眼爱意地看着可爱的小狗一样，就用那样的眼神看着自己，以及自己的心。当爱意开始渐渐充满了你的内心时，这份爱意就会向外面溢出去。最初你只是爱自己而已，最后却爱上了整个世界。路过的人很可爱，路过的小狗也很可爱，你的家人和朋友也变得非常可爱。不管他们说什么、做什么，你都会看到他们在所有的语言和行为的背后发出光芒的真实模样。

就这样，当爱成为我们人生中主要的情感时，你就会发现这个世界上再没有什么可埋怨的了。有人说，对人最大的安慰就是用充满爱意的眼神看着他。不管那个人是怎样的一个人，不管他从事什么工作，穿着什么衣服，用什么样的语气说话，用充满爱意的眼神看着这个人，就会使这个人备受鼓舞。这既会给他带来安慰，又会让他感到幸福。就这样，你只是更加爱你自己而已，但一切都开始得到治愈。曾经与你疏远的人开始和你恢复了联系，折磨你的上司开始对你变得亲切。让这一切奇迹成为可能的，就是你心中的爱意。实际上所有的人正是因为爱的缺失，因为孤独，才会感到痛苦与空虚，但是我们不知道该如何去摆脱掉这份空虚感，所以才会想拥有全世界，但是世界上的东西永远没有办法填满我们的内心，所以我们就继续沉迷于更多的东西，循环往复，疲惫至极。

我们首先要下定决心，让当下的自己绝对不会再去选择埋怨什么，然后尝试着去练习审视这份埋怨，同时不要忘记对自己说"我爱你"，不要忘记用充满爱意的眼神看着自己。我相信现在的不幸会给你带来前所未有的幸福，我相信最终你会明白所有的考验与痛苦都是生活送给你的礼物，过去你经历的所有瞬间都是为了让现在的你变得耀眼灿烂。所以请不要放弃，不要忘记现在的不幸，以及因为这不幸而感到痛苦的心，然后怀着现在要变得幸福的渴望继续向前走。就这样，你领悟到了你真正的本性——爱。希望你现在的苦恼是让你获得真正幸福的礼物。你一定要幸福啊，因为你有能力让自己幸福，因为你有获得幸福的资格，因为你就是为了获得幸福才出生在这个世界上的。加油。

Q：在社会生活中，人有时候需要压抑自己，但是我却做不到，特别是和那种毫无理由发脾气的前辈们一起工作的时候，这种时候我该怎么办才好呢？我在这些前辈面前好像隐藏不了自己的表情，掩饰不住自己的愤怒，我真的很想改变这种情况。

A：首先为了让你自己过得更开心一些，最好是学着控制一下自己的情绪反应。每个人对他人情绪的敏感程度各不相同，反应强烈的人会因为对方一些不太友好的行为而感到气愤，即使这个不友好的行为非常微不足道，但还是会因此闷闷不乐一整天，在心里反复地去想这个人为什么会这么对我，想着想着就会变得更加生气。但如果能换个角度，想着对方今天可能遇上了什么不太好的事情才会这样的，不要将对方的行为放在心上，不管别人怎样对待自己，那么这一天还是会过得很完美。对别人的情绪做出极其敏感反应的人和不会将其放在心上的人，你觉得这两者谁会过得更幸福一些呢？

当你面对别人的情绪时，表现得越是泰然自若、越是冷静，你的这一天就越不会被别人的情绪所影响。如果你是一个不管别人怎么对你，你都感到很自在的人，你就绝对不会随便被别人摆布。这样你就不会让自己沉浸在负面想法之中，而是会更加用心地、更加专注地度过这一天。这样你做事情的效率和你对生活的满意程度也会提高，所以现在的你即使有些不幸也没有关系。这份不幸会让你更加渴望幸福，会让你开始反省现在的自己；无论何时你的不幸都代表你内心的声音，呼喊着让你向着幸福前进。就让我们以当下这个信号为契机，向着前方前进吧。

你越是不在乎别人的反应，就越会发现别人不能用他们的情绪来影响你，他们也更加不敢随便对待你。如果为了不让别人随便对待你，面对别人的气势汹汹，你选择了用更强烈的愤怒来应对，但是你越是这样做出反应，你所面对的负面情绪就会变得越多。你接收了对方传递给你的情绪，对此做出了自己的反应，并给出了答复，你来我往，永不停歇。所以，面对他人的情绪，你的反应越小，越是泰然自若，越能让自己变得完整；自尊心越高，你的情绪会越稳定，人们也会更加尊重你。那个时候你甚至都不需要自我防御，那个时候你会成为一个多么幸福的人啊。

为了让自己获得这样的幸福，首先要抛开别人眼中的我、别人所认为的我、面对他人情绪时的我，抛开这一切，承认我就是我。

我的存在是如此珍贵，不需要别人的认可和接受。别人的情绪会破坏掉我们自身的珍贵，让我们深陷其中无法自拔，变得容易受到他人的情绪影响，面对外界时刻保持防御状态。因为我们觉得自己并没有得到别人的尊重，所以我们需要借着"生气"这种情绪来表达"请珍视我，请尊重我"。虽然愤怒有可能会换来尊重，但是这份尊重绝对不会带有任何真情实感，所以你还是需要继续保持着你的防御状态，继续愤怒下去。

如果我们一直把珍视自己、爱惜自己的心放在首要的位置上，那么我们自身的珍贵就不会被任何东西破坏。即使你没有尊重我，我的内心深处也一直明白我自身所拥有的珍贵并没有因此发生任何改变。当有人毫无根据地指责我们的时候，我们会认为他对我们的指责只是源于他自己心里不痛快罢了，所以我们可能并不会将这件事情放在心上。另外，如果这种指责存在一定的道理，比起下意识地进行反驳，我们会承认错误，想着"好的，我确实有必要在这一点上努力做出改变"，并接受这份对自己的指责。请去改变当下这些状况，去更加珍惜和爱自己。你就是你，真的不需要别人来承认你，不需要别人来接受你。

当有人带着情绪来攻击你，或者用不端正的态度面对你时，请好好感受一下当下你那种想要用同样的方式反击回去的强烈欲望，然后忍住，就再忍这一次，不要再在脑海中反复回想，而是尝试着设身处地地去理解他们。不管那个人说了些什么，我终究还是我，对于那个人的行为，我没有必要做出回应。如果在那种情况下，那个人所能做出的最好表现就是那样子的话，那反而是一件令人感到惋惜的事情，就让我们充满惋惜地看待这次的事情吧，毕竟这个人的行为本身就表明了这个人的内心是多么刻薄和不幸。就带着这样的想法，怀着怜悯之心看着这个人吧，也许隐约可见他言行背后真实的模样。每个人的内心深处都有一个天真烂漫的自己。

万事开头难，当你偶尔一次忍住了当下想要反抗的心情，试着去理解对方的行为，那么接下来的事情就会变得更简单一些。惯性法则也适用于这个过程，如果你真的非常渴望获得幸福的话，那么你一定要怀着为了获得幸福的心态去战胜这个过程。就这样，一次、两次、三次，当你能够做到丝毫不去回应或者回击对方，不再执着于这件事情的时候，你就会在不知不觉间成为一个更加幸福、更加自由的人。一旦你感受到了那种幸福，即使不去努力，为了你的幸福，你的心也会自动转变态度去应对那种情况。因为没有感受过那种幸福，因为不太了解那是种怎样的幸福，所以这样的自己才会有些生涩，会有些欠缺。因为我们生而为人，所以我们才会诞生在这个世界之上，一边获得成长，一边生活下去，所以我们绝对不要为难自己。真心希望你一定要忍过第一次，这样接下来的第二次、三次、四次就会变得越来越容易；真心希望你能够好好练习，顺利完成生活所赋予你的幸福课题。请记住，只要你不忘记你自己是谁，那么无论何时你都会是一个珍贵的存在，你就是你，绝对不需要别人的认可和接受。你只是你，在你人生中的每个瞬间，你都是珍贵而美好的存在。我会为你加油。

Q：我总是会这样去质问我男朋友："哥哥你怎么了？你为什么总是这个样子？"总是会跟他哭闹、发脾气，总是揪住一个问题不撒手。我也想成为一个端庄、大气、有智慧的女朋友，我真的感到很对不起我的男朋友。

A：没关系的，你有这样的想法就已经很棒了，如果能用这种心态去努力改变自己的话，你一定会成为一个更好的女朋友的。当然，对你的男朋友来说，现在的你已经足够可爱美丽了，你绝对不能让自己拥有负罪感，明白了吗？首先让我们来深入了解一下烦躁这一情绪问题：当我们心烦意乱的时候，我们往往会认为是因为发生了令人烦躁的事情，但其实是因为我们的心里很烦，所以才表现出了心烦意乱的样子。如果我们的心里没有烦恼的话，无论外面发生了什么事情，我们都不会感到生气，我们内心的烦躁程度决定着我们会表现得有多生气。不是这件事情令人生气，而是因为我们内心烦躁，所以我们才会感到生气。不仅是烦躁的情绪，生气、埋怨等情绪都是一样的道理。

当我们在心里不断积累着烦躁的情绪，积累到某一个节点，一旦我们的内心到达了极限，这个时候外在的我们就会开始表现出烦躁的情绪。不管是像这样的烦躁，还是愤怒、埋怨，又或者是其他什么情绪，一旦发泄出来之后，我们的心情可能会在一段时间内重新归于平静。这就是为什么有一些人大发雷霆之后，会在一段时间内整个人变得很平静，这是因为他们把内心的愤怒宣泄了出来，但是这种人到了某个时刻又会大发雷霆一次，如此循环往复。那是因为当我们内心所积累的负面情绪到达了极限，需要宣泄出来的时候，我们就会以一个合适的事件为借口，将这种情绪向一个合适的对象宣泄出来。我们需要记住的是，不是因为发生了烦心的事情，我们才会发脾气，而是因为我们的内心感到心烦意乱才会发脾气。只有先承认这一点，我们才能克服烦躁，重新振作起来，让自己获得成长。就像在面对同样的事情时，有些人会大动肝火，有些人则乐在其中。

要克服这种负面情绪，重新振作起来，首先我们要成为一个自尊心很强的人。当我们的自尊心很弱的时候，我们自己已经无法自我填补内在的缺失了，才会试图用其他东西进行填补。虽然我们可以用物质等外在事物充实我们的内心，但同时也可以利用别人的感情来充实我们的内心。在和某个人度过的漫长时间里，我们肯定有过感到无力的时刻，自尊心强的人会自我填补内在的缺失，会用自己积极的情绪感染他人，并鼓励他人；而自尊心弱的人则因为无法自我填补内心的缺失，便会抢夺他人的情感，不管这个过程是有意还是无意的。因此，当我们和自尊心弱的人相处时，我们就会感到筋疲力尽，内心就会变得空虚。

被自我怜悯所驱使的人会不断地哭诉自己的艰辛，以寻求安慰和同情；被怨恨所驱使的人会不断责怪某个人、贬低某个人，以寻求大家的支持；经常发火的人总会因为一些小事而生气，并要求对方回应自己；内心冷漠的人因为没有温暖地对待过他人，所以总是会让周围的氛围变得冰冷无比。人们用这些方式传播着自己的负面情绪，并向的某个内心平静的人寻求某种感情，然后抢夺过来充实自己的内心。这样的人因为没有办法自己补充能量，所以当自身能量再一次下降并急需补充的时候，这样的事情就会反复上演。他们就这样持续榨取别人的感情，用来填补自己内心的空虚。这样的事情很难发生在初次见面的人身上，我们主要针对的是自己熟识的朋友、恋人以及家人。

我们要小心自己与恋人的相处模式以反复争吵、反复和好的形式被固定下来。真正的爱情是一起成长，相互鼓励，而在这种反复争吵模式下的爱情，会质变成相互榨取彼此的感情、相互挑衅、相互伤害彼此的一段关系。当我们欠缺考虑，利用陪在自己身边的伴侣来弥补自己内心的空虚时，这段感情就注定不会有未来。所谓永恒的爱是双方都拥有着完整的人格，并一起维持着一段完整的关系，携手不断成长。如果我们不先去成为拥有完整人格的自己，我们就无法增强自己的自尊心，那么即使结束这段关系之后再开始下一段感情，新的感情最终还是会变成传播彼此负面情绪、想利用对方弥补自己空虚内心的一段关系。

你在和你男朋友相处的过程中总是会感到烦躁，但与其将这种心情表达出来，不如试着去努力平复这种心情。你现在意识到了自己当下的这种心情，这非常重要，并且下定决心要努力改善，这一点也难能可贵，为了将当下这份爱情变成一份更加完美的爱情，你需要做的仅仅是让自己再通情达理一些。当我们能够做到利用我们的敏感，而不是被我们的敏感所利用时，我们就会慢慢地从这种敏感中解脱出来。现在你敏感地注意到了自己的情绪变化，说明你完全可以利用你的敏感。这很重要，你能够审视这样的自己，这意味着你可以和这样的自己分离开来；你能够和这样的自己分离开来，这意味着你不会被这样的自己所控制。

　　挺过当下这一次很重要。当你觉得自己变得敏感，经常感到烦躁的时候，只要能控制住自己，挺过当下这一次，并且能尽最大努力让自己变得柔和，接下来的情感调整就会变得容易一些。就这样开始慢慢地战胜这种烦躁的情绪，慢慢地克服这种烦躁的情绪。你的意志至关重要，但是看起来你已经具备这样的意志了。你一定要咬紧牙关，努力克服当下这种烦躁的心情，选择让自己成为温柔的自己，而不是烦躁的自己。面对你的变化，你男朋友的心情也会变得更好。如果你把这种积极的变化当作自己做出改变的回报，那么接下来的第二次、第三次的情绪调整就会变得更加自然和顺利。就这样两个人互相分享着彼此的喜悦，以这样的关系走向未来。与此同时，你绝对不能忽略你自己，不要忘记要珍惜自己、爱自己。当你的男朋友不在你身边，一个人独处时，也要懂得去爱自己，要一个人去看看电影、购购物、怀着对自己的满满爱意去和自己进行一次单独的约会。通过这段独处的日子，如果你能够成为各方面都更加完整的自己，你就能够感觉到你的自尊心也增强了很多。

　　在今后的爱情和所有的关系中，这种自尊心会守护好你自己，也会守护好你的幸福。这种自尊心会让你无论何时何地都不忘记自己是一个多么招人喜欢、多么珍贵的存在。我相信不管是在爱情里，还是在独处的时光中，只要你努力，你的爱情就能成为永恒，并且我相信你会过上更加美好幸福的生活。不要忘记你当下这种难能可贵的意志，一定要让自己在奔向未来的路上不断成长。我会支持你获得美好的爱情，拥有美好的意志，过上美好的生活。加油。

Q：虽然每天都应该要认真去生活，但我对此却有些力不从心。话虽这样说，但我也没有忙着吃喝玩乐，只是做什么事情都不认真。年纪越来越大，很讨厌这样一事无成的自己。我该怎么做才能改变当下这种生活呢？

A：你因为自己现在一事无成而有负罪感，过得应该也很辛苦吧。请先听我说，我们因为自己的某些行为而感到有负罪感，这就像是因为现在的自己并没有达到自己的期望或者实现自己的梦想，所以认为自己理所当然地应该受到惩罚一样。在持续责备自己、埋怨自己以及认为这样的自己很没有出息的同时，你也在惩罚着现在没这样做的自己，以及过去没能这样做的自己。但是在惩罚自己、严苛要求自己的这段时间里我们的内心已经很明白了，为了实现我们所希望的，我们所需要做的只有更加努力罢了。只是跟我们这种想法不同的是，我们今天一天还没开始努力，时间就这样溜走了，所以每当到了夜晚，我们就会再次受到负罪感的折磨。从某种角度上看，甚至让人觉得是为了受到负罪感的折磨，我们才会这样虚度每一天的。

就像吸烟的人虽然明白吸烟有害健康，但仍然无法戒烟一样，或许我们真的对负罪感这种感觉上瘾。如果不是对此感到上瘾的话，我们就没有理由无法割舍这种让我们变得很不幸的情感。正如我所说的那样，要么是我们真的上瘾了，要么是我们还不知道这种情感会让我们非常痛苦，你也应该属于其中一种情况吧。那么我们到底应该怎么克服负罪感呢？那种当我们在面对"你应该做点儿什么，不做点儿什么的话就是你的不对"的这种条条框框时所产生的负罪感。

克服负罪感的第一步就是让自己意识到负罪感会使我们很痛苦。至今为止，我从未对负罪感产生过质疑，并且我一直很理所当然地认为当我自己没有做到我所期待的样子时，责备和埋怨是我应该承受的。但现在我意识到负罪感真的使我一直过得很痛苦，让我一直忽略了真正的自己到底有多珍贵，让我一直以为比起被爱，我更应该受到惩罚。当我的内心感到很痛苦的时候，身体会发烧，继而引起我体内有关感冒的记忆，从而真的导致了感冒。我应该要爱自己才行，因为自我惩罚，我的身体也会跟着痛。这都是因为潜意识中的负罪感让我觉得我生病是理所应当的，我就应该承受这份痛苦。

你听说过特蕾莎修女效应吗？据说人们只要看了特蕾莎修女做慈善时的照片或者视频，体内的内啡肽指数就会上升，自身的免疫力也会增强，也就是说，抵御外部疾病的能力会变强。负罪感的反面就是爱，与对我们的身体和心灵造成致命伤害的负罪感不同，爱会治愈我们的身体和心灵，并且让我们更加幸福、更加健康。但是我们不曾爱过自己，甚至一直以来都在责备和为难自己。其实有点儿失误又能怎么样呢？我们就是通过失误来获得经验的啊。即使不能按照计划度过今天这一天，又能怎么样呢？我们不是机器，而是有感情的人啊。因此，与其这样严苛地对待自己、惩罚自己，不如对自己说"没关系的，不管怎样你都是一个足够珍贵又惹人喜爱的存在"，然后抱一抱自己。这样做你觉得怎么样呢？

"按时睡觉才是好孩子""比起玩游戏，爱学习的才是好孩子""晚上即使肚子饿也忍着不说的才是好孩子"等关于好孩子的各种标准说到底都是人们自己制订的。但是由于我从很小就接受这样的教育，所以我一次都没有质疑过这些标准的合理性。因为太过于天真和单纯，所以就完全相信了。没有人跟我说过"绝对不要因为你没有做到这些标准就认为自己是坏孩子""绝对不可以有负罪感""不管怎么样，你都是一个珍贵而又惹人喜爱的存在"，所以我一次都没有质疑过这些标准，就这样渐渐成了习惯。但是现在，从当下这个瞬间开始，我开始对此产生了质疑。只有这样做或者不那样做的人才是珍贵的存在，这个说法难道是真的吗？

事实并非如此。从出生那一刻开始，在我们存在过的所有瞬间里，我们自始至终都是珍贵的存在。我们每个人出生在这个世界上，我们的脸是独一无二的，指纹是独一无二的，声音也是独一无二的，我们就是独一无二的珍贵存在啊。我们之所以珍贵，仅仅是因为我们就是我们，我们的存在本身就是值得被爱的，我们是非常珍贵的存在。如果我们永远记得自己是如此珍贵的存在，那么在我们人生中的任何瞬间里，我们永远都会是珍贵的存在。请记住我们是如此珍贵，并且千万不要忘记。请对一直以来将这个重要的事情抛之脑后的自己说"对不起，我很抱歉这段时间让你过得这么痛苦"，然后从现在开始，下定决心不再忘记自己的这份珍贵。

这样珍贵的我所面对的每一天都是如此珍贵，所以应该下定决心要认真地过好每一天，而不是将负罪感作为动力，促使自己下定决心要认真地过好每一天。是因为爱自己，是因为爱自己的人生，是因为爱自己的梦想，所以我要全力以赴地去过好每一天，并且我将带着对自己的爱，允许自己在这份爱里安心地憩息，而不是即使只休息了一天，就去苛责自己。我们经常在休息的时候，因脑海中的负罪感而无法得到充分的休息。现在就用满满的爱来代替这份负罪感。我们的存在，它的名字不叫"罪"与"罚"，而是"爱"。请用那爱的光芒将自己包围，请抚慰和治愈自己一直以来如此痛苦的内心。

就这样，去恢复你内心的自由。从"这样做是对的，那样做是错的"这一束缚之中解脱出来，重新恢复你一直以来被禁锢的自由。因为你并不是一个应该受到惩罚的存在，而是一个值得被爱的、非常非常珍贵的存在。你是你，你出生在这个世界上，呼吸着这个世界上的空气，你就是一个非常珍贵和惹人喜爱的存在。不管你是怎样的自己，你都要去珍惜自己、去爱自己，至少你应该去和自己达成和解。先从与自己和解、珍惜自己、爱自己这件事情开始做起。"很抱歉曾经讨厌过那样的你，即使只是一瞬间也很抱歉，真的很抱歉。但是现在我明白了，你对我是怎样一种存在。所以将来我会全心全意地去珍惜你、去爱你。谢谢你，真的谢谢你，我爱你。"请你对自己珍贵的内心说出这些话！就这样，现在的你选择了爱，在爱的温暖怀抱中度过每一天。

虽然一开始可能会有些尴尬，但是每当想起来的时候，哪怕并不是出自你的下意识，也要在心里对真实的自己说"谢谢你，我爱你"。请继续说下去，让这成为一个习惯。"谢谢你，我爱你。"与过去一直被负罪感折磨的你不同，现在的你内心充满了爱，然后去看一看你周围的人们，去看一看他们天真烂漫的眼睛，你从他们如此惹人喜爱的眼睛里看到了如此惹人喜爱的你了吗？就这样，在爱别人的同时，也要懂得去爱你自己。就这样，用充满爱意的眼神注视着他们，同时也要注视着自己。那无言的爱意，即使是无意识地传递到了他们的内心深处，也会使他们更加尊重你、更加爱你。就这样，成为一个被别人尊重的人吧。无论是我，还是别人，我们真实的样子都会得到应有的尊重与喜爱，我们会时常去确认我们自身存在的价值和珍贵，同时也接受他人对我们自身存在的价值和珍贵的确认。

临睡前也要充满爱意地拍一拍自己，对自己说"辛苦了，今天表现得很好，谢谢你"。起床后也要充满爱意地看着自己头发乱蓬蓬的样子，看着自己费力揉搓着惺忪的眼睛，全心全意地去爱这样的自己，然后站起身来看着镜子，充满爱意地端详一会儿镜子里的自己，反复地告诉自己"我爱你，我爱你"，去爱这样真实的自己。在这样充满爱意的一天里，不管你今天过得如何，不管你曾经经历过怎样的一天，你都要摆脱负罪感，继续爱你自己，不管外面发生了什么，你都能从你的内心感受到自己是一个让人喜爱的存在。用爱的力量战胜一直以来阻碍你前进的懒惰感和懈怠感。

有些人会因愤怒而去做些什么；有些人会因为跟他人比较之后产生自卑感、嫉妒心及好胜心而去做些什么；有些人会因为现在的自己能力不行，太没出息，所以充满了负罪感，因而去做些什么；有些人会因为爱某个人而去做些什么。请选择其中最强大的动力。只要拥有了那种动力，我们什么事情都能做到。我们自己，还有别人、这个世界，都是我们要全心全意去珍惜和热爱的对象，我们从中汲取的力量将帮助我们克服曾经认为无法克服的极限。我们现在要向着未来每一天及我们的梦想前进，然后凭借着一腔追梦的热血，全力以赴地度过属于我们的每一天。就像当我们因为害怕牙齿出现问题而前往牙科，和因为想要保养牙齿而前往牙科一样，这是两件截然不同的事情。我们要选择用爱代替恐惧，用爱代替愤怒，用爱代替负罪感，让所有选择的出发点都包含着爱意。

就这样，请一定要成为幸福的自己，请找回被这个世界夺走的自由和幸福，现在请一定要幸福，成为发光的自己。现在的你也是如此珍贵、美好又惹人喜爱的存在。请不要再一味地逼迫自己，就那样去珍惜自己、爱自己吧。你只是还需要多一些的爱而已，你只是为了学会那份爱，才感到有些痛苦而已，现在你不会有什么事情的，绝对没关系的。你现在因为懒惰和懈怠而产生的痛苦，这所有的负罪感，都会因爱得到治愈，你会得到成长，散发出更加美好、更加出色的光芒，请你一定要幸福。我会认真祝愿你，并为你加油。希望你将来能够幸福，因为现在的你已经很幸福了。

Q：因为大学上课的时候需要学生发言，所以对此我特别紧张、特别焦虑，还没有开始就已经压力很大了，害怕到不行。站在人们面前说话真是太难了，请问有什么方法可以克服这种情绪吗？

A：我也曾经因为发言的事情感到过害怕、紧张，所以如果还有发言的机会的话，我反而会很想去做这件事情。这难道不是机会吗？这难道不是可以克服我内心的恐惧，让我更快成长的礼物吗？试着用这样的心态去面对吧。如果你将发言这件事情作为自己鼓起勇气克服恐惧的成长机会、作为生活送给你的礼物、作为必经的人生课题，那么你的心情会变得更轻松，你也会变得更加美丽起来。就我而言，我在发言的前一天对着镜子做了很多练习，想象自己的面前坐着听众，练习的时候也尽量让自己去感受一下这种紧张的感觉，我好像就这样练了有十多遍。因为已经做好了充分的准备，所以很容易就克服了紧张的心情。尽全力去应对生活给我的这个课题，这颗真诚的心本身就很美丽。虽然已经像那样练习了很多次，紧张的心情还是挥之不去。但是比起因为害怕那份紧张而选择逃跑，我拥有了更大的勇气，让我敢于振作起来直面这个问题。这份紧张感对于我，与其说是因为害怕而颤抖，不如说是因为挑战而感到兴奋。在发言之前，我就已经对得到成长的自己感到非常欣慰和感恩了。

刚开始发言的时候真的非常紧张，所以就用一种异常真挚的语气说出了自己准备好的小幽默。气氛一时陷入了尴尬当中，我额头上的汗也一滴滴地往下掉，尽管我因为出现了这样的失误而感到非常难为情，但仍然咬牙坚持下来了，自己获得的成就感也更强了一些。在这个过程中我虽然很紧张，虽然很生涩，但是我并没有选择退缩，而是站在这个地方直面我的恐惧，并克服了它。这就是属于成长的成就感。与其下定决心"一定要好好表现，不能出现失误"，不如抱着"即使有些笨拙，即使会出现失误，也要鼓起勇气，感谢自己的成长"的心态去面对这次发言。在一个学期即将过去的时候，你就能够发现自己不再害怕发言，并且不知不觉间你也能够自然而然地做出相应的手势来展现你的幽默。转眼间我能在发言中和同学以及教授进行交流，他们也对我讲的内容更加感兴趣。我在发言的时候总是会提前背熟稿子，这是因为我担心拿着稿子的手会抖得厉害，如此一来就会被大家发现我很紧张，很可能会妨碍我接下来的发言，但也正是因为这一点，听众们才能更加专注于我的发言。后来我准备发言的时间越来越短，比起紧张感，我更可以用一种从容悠闲的心态去发言。根据现场的状况和氛围，我还可以进行即兴的演讲，也自然而然地掌握了逗笑听众的方法。

一开始感到紧张是很正常的，只是有些人会因为没有办法克服这种紧张感，所以就选择自己躲起来；有些人则会为了克服这紧张感而选择正面迎接挑战，让自己不断获得成长。面对困难，如果你选择逃避退缩，一开始是很舒服，但长此以往的话，你就再也不能让自己变得更加美好了，自己再也不会得到成长了。这段经历能够让你在学习准备的过程中找到意义和价值，你一旦错过了这个机会，就再无法创造只属于你自己的美好回忆。你现在做得很好，你现在已经非常优秀、非常棒了，感谢你能够鼓起如此美好的勇气。再有经验的歌手站在舞台上也会感到紧张，所以你不用太担心。你肯定能够通过这次的发言，并且能够因此得到成长的。不管是什么样的发言，都不要害羞，把自己视为堂堂正正而又美好的存在。一定要去买一些好吃的，一定要做好准备。你一定要记住，无论是什么样的发言，既然你选择了迎接挑战，那么这一定就是一场精彩的发言，你一定能够表现得很完美。祝你发言顺利，真心希望你能够从中得到成长。我会为你加油。

Q: 我的事业心很强，想圆满完成自己的工作，想在自己的工作领域里做得出色，但是体力却跟不上，我不知道这算不算是给自己找的借口。我想为自己而活，而不是活给其他的人看。最近工作很多，但是可惜的是我只有一个身体，对此我有些难过。无论您会对我说些什么，能允许我这样向您倾诉就已经给了我很大的力量了。谢谢您。

A: 这段时间过得很辛苦吧。我很开心自己能够带给你力量，也谢谢你如此看待我。请不要过于急躁，也不要过于贪心，尝试着让自己真的去热爱自己的工作吧，用借此让自己学会爱与成长的心态去面对工作。比起奢望通过某件事情顺理成章地得到某个结果或成果，不如试着让做这件事情本身成为你的目的。急躁和贪心会让我们感到疲惫，但爱和真诚则会让我们感到快乐又心动。

有的人工作一整天都不会感到疲惫，他们的嘴角总是挂着微笑，令周围的人印象深刻，甚至连他们在工作的时候，汗流浃背的样子都充满了魅力。他们的身手之敏捷、创意之丰富、工作效率之卓越，可以称得上"高手"二字。厨师因为热爱自己的工作而成了最好的厨师，人们被厨师因热爱自己工作所散发出的热情、所散发出的美妙香气所吸引，排队等候在他的店铺门前。

无论做什么事情，如果做这件事情本身成为目的，那么它就会成为爱的终极艺术，在鼓舞你的同时，也会给他人的心灵带来深深的触动。当用铁锹挖地时，比起事先考虑好要挖的洞的大小、提前就让自己感到疲惫，更需要我们集中注意力、专注于当下的每一锹。全心全意地去热爱、感受、品味生活赋予你的每一个瞬间，就这样专注于你的工作吧。你需要的不是咬紧牙关的勉强，而是冷静的从容与专注。回想一下你在过往的生活中那些曾信誓旦旦过，但又很快消失得无影无踪的无数觉悟与誓言。感性的态度会使每件事情快速地被搁浅，感性缺乏力量去改变我们的习惯。比起感性，沉着冷静的心态和完全投入的行为则拥有更大的力量和能量，所以才能够把我们托举起来，让我们做出改变。

现在的你需要的不是咬紧牙关的热情，也不是贪图结果的欲求，而是你行为上的投入；不是"今后该怎么办"，而是全身心地去感受当下这一瞬间的真诚态度。你务必让自己重新变得冷静从容，从现在束缚着你的压力中解脱出来，练习拥有和工作融为一体的心态，凭借全身心投入后获得的喜悦成为每个瞬间都能快乐的自己。你不需要过分地去努力，比起这个，你只需要专注地将自己交给这不断前进的生活就好。与其计算结果，又执着于某个人的看法，你只需要喜欢自己当下正在做的这件事情本身就好。就这样，时刻与工作相伴，尽最大努力停留在这个瞬间本身。那样子的话，你会不会拥有至今都不曾体验过的新乐趣呢？还有这份心动会不会治愈你当下这颗疲惫不堪的心呢？不要太勉强自己。不要忘记现在的你已经做得足够好了，以后的你还会做得更好的。加油。

Q：我现在没有工作。在高中毕业之前我以为工作之后赚了钱就能过得很好，但是工作后，感觉自己就像机器一样，过得一点儿都不幸福，所以就辞职了。之后我过得很悠闲，老实说，虽然我这段时间一直无所事事，但是我很喜欢这种感觉，我认为我是在了解自我和思考人生。但是另一方面，我又觉得这样的自己很傻，这是把懒惰合理化了，所以心里很不舒服，有些没了主见，所做的事情也有些拿不准了。当下我的这颗心，怎么样做才能重新找回主见呢？

A：你的心里一定很不好受。我回复得有些晚吧？抱歉，直到现在我才有真正属于自己的时间。首先，你应该也为此苦恼很久了吧？但尽管如此，你为了自己的幸福，还是勇敢地做出了选择，这真是难能可贵，令人敬佩。重要的是，你选择去做那些让你感觉到自己还活着的事情，去做那些蕴含着意义和价值、能给你带来成就和幸福的事情，你做得很好，也辛苦你了。你现在感到痛苦的原因可能是你在不明白自己想要什么的情况下就贸然选择了辞职。换句话说，你并不是因为想做什么才选择辞职的，而是因为不想做这份工作才选择辞职的。为了过好当下这段时间，我觉得最重要的事情有两件，第一是你要好好休息，第二是你要去寻找你真正想要做的事情。首先第一件事情你已经做得很好了，所以让我们一起想想该如何去做第二件事情吧。

在你辞职休息的这段时间里，你可以继续休息，但以其他的形式来休息怎么样呢？比如，与其窝在家里看一整天的电视，玩一整天的电脑，不如换成在这段时间里去绘画学院学习绘画，或者去背包旅行，又或者是学习皮革工艺，等等。最好是去挑战一下平时你一直都很想做，但因为没有勇气而一直被搁浅的事情。只有这样，在没有勉强自己的情况下，学习的意义和在其中得以提高的自尊心才能够替代你当下的无聊乏味，同时还能继续保持当下休息的感觉。当你在这样的挑战中拥有了内心的从容时，你会更加明确地知道自己真正想做的事情到底是什么，并且也会因为向那个挑战迈出了一步而感到心动和幸福的。

你因为厌倦了日复一日的机械式职场生活而选择了辞去工作，但如果再让你经历一次日复一日的机械式休息的话，你即便休息也不会有放松的感觉，反而会感到更加疲累，会因为空虚感而感到痛苦不已。如果你休息到一定的程度，觉得身体上的疲劳得到了缓解，那么就要去感受一下自己在做什么事情的时候才最幸福，然后就着手去做。如果你以这种心态去度过每一天的话，我相信你的每一天都会逐渐充满意义，你也会得到更加充分的休息。如果我们通过不断地和某个人聊天、打电话、发短信、看电视，把我们与自己独处的时间变成了因为害怕独自一人带来的沉默与寂静而选择忽视内心的时间的话，那么我们最终会变得空虚。我们的心会利用这种空虚感向我们发射信号，高喊着"看看我吧"。你当下的这份空虚感可能是你的心在向你呐喊，让你好好审视一下自己、好好照顾自己。请随时随地仔细倾听来自你内心的声音。

　　真正使你能够了解你自己的，是跟你自己的内心独处时的你。当你这样去了解自己的时候，当你和自己面对面的时候，你就会发现自己真正想要的是什么，所以请去仔细倾听一下你内心的声音吧，答案一直藏匿其中。一直以来，你都因为忽视而轻慢了自己的内心，你都因为那弥漫在你四周的空虚和无聊的雾气而无法向前走去。现在，请把这些雾气驱散开来，去面对你的内心，去面对你自己吧。现在的你和你的内心因为懒散度日的自己而有了深深的负罪感，并痛苦不已。请照顾好这样的你，以及你的内心，请花一些时间去了解你真正想要的是什么，这些事情都能够抚慰之前被你自己忽视过的内心。希望你的内心能因此散发出璀璨的光芒，充满丰盛与温暖。真心希望你为寻找人生意义而开始的这段人生旅行，能够使你因为成长带来的喜悦和对自己的全面了解而过得幸福。

Q：我想尽全力去做好每一件事情，但是因为顾虑太多、压力太大，所以每天自己的肠胃状况都很差，还会失眠。自己一个人在国外，所以难免会产生孤独、焦虑、不安等情绪。我该怎样去做才能够调整好自己的心态呢？

A：首先让我们改变一下对自己今天一天的"看法"如何？如果你害怕这些的话，那就用"因为害怕，所以要克服这些担心和恐惧，让自己进一步成长"的心态去面对这些情绪。我相信如果是以这样的心态，那你每天所要面对的所有事情都会让你感到心动，而不是恐惧。就这样看着慢慢克服恐惧的自己不再带着负罪感，而是带着成就感结束自己的一天；就这样培养自己的自尊心，就算有点儿失误又怎样，就算有点儿生疏又怎样；就这样一个一个去经历、去学习，让名为"自己"的这本书变得更厚实，让里面的故事越来越丰富、越来越令人着迷。不要在你的焦虑面前让自己更焦虑了，明白了吗？

要用观察自己生活的这个世界的心态去环顾一下四周。世界上有多少人正在完成着你现在所担心的事情呢！如果他们做到了，那么你也一定能够做到，不要失去勇气，比你更应该感到羞愧和焦虑的畏手畏脚的人也同样在这个世界上生活着。另外，把你现在焦虑的事情写在笔记本上也会对你有所帮助，等过些日子再把那本笔记本打开看一下。曾经以为天都要塌下来的严重问题，现在回过头再看，你就会发现其实并没有什么大不了，想起曾经为此担心不已的自己，说不定还会突然笑出声来。虽然你过往的生活中充满了各种各样的担忧，但是迄今为止，你不是一直活得好好的吗？并且还在迎接明天的到来啊。如果你做得不好，那么你就不会有今天了，试着让自己变得从容一些。不管你焦虑与否，你的今天都会过去，你的明天都会到来，并且你都会平安无事地度过每一天的。

你不要过于担心了，你现在已经做得足够好了，将来还会做得更好的。如果你现在所担心的事情真的发生了，那么你也会解决得很好的。每天都已经做得足够好了，与其再徒增忧虑而让自己痛苦，难道不应该多多鼓励自己让自己开心起来吗？当你再感到担心的时候，请告诉自己："我一定可以做得很好的，到目前为止，尽管有着这样那样的担心，但是一直以来我都做得很好。正是因为这样，才有了现在的我，才有了我的今天。"然后站出来，面对你的每一天，全力以赴。去感受和观察当下的每一天，并不断地成长。如果有因为没有把握，所以害怕开始的事情，那就试着去挑战一下吧。怀着很开心自己还有东西需要补充，还有东西需要学习的心态。就这样，当你将成长本身视为自己每天生活的目的时，你就一定会成为一个幸福的存在。不要放弃这份幸福，你现在已经做得足够好了，将来还会做得更好。因为你是你啊，不是其他某个人。真心祝愿你的今天和明天更加灿烂，希望你能通过当下得到更多的成长，每时每刻都成为更加幸福的自己。我会为你加油。

Q：我是一个已经连续参加了三年高考的复读生，对于自己的学习抱有很高的期望。我复读并不是因为自己学习不好，而是为了考进我理想大学中的理想专业，才会做出这样的选择。如果明年上大学的话，和我同龄的朋友差不多都读大三了，所以我很担心自己会不会融入不了比我小两岁或者更小的同学圈子里，或者他们会不会因为我而感到不自在。复读的时候感觉还好，但是到了准备第三次高考的时候，我的心态就开始有了变化。我感到特别不安，感到自己落后了别人一大截，所以一直郁郁寡欢。虽然始终都表现出很幽默或很开心的样子，但就我自身的性格而言，我似乎变得有些悲观了，对此也感到很受伤……请问我该怎么办呢？

A：你看上去真的很担心啊。我非常理解你的这种心情，但其实对于这一部分，你也不用太担心，在大学里是不会因为年龄问题而发生这些事情的。我也比别人晚一年上大学，同学中有比我年长的，也有跟我同龄的，但是弟弟妹妹、哥哥姐姐、朋友们大家相处得都很好！如果去上大学的话，不只是你，大家也都会有一种因为很尴尬所以想彼此快些熟悉起来的心情。因此大家很快就会变得亲近起来，并适应这种氛围，所以不用提前担心这一方面！如果真的到了那一天，你会发现跟你担心的完全不一样，你们会相处得很好，大家很快就会亲近起来的。相反可能会有很多后辈担心会不会打扰到你，这才是你到时候可能会担心的事情吧？

还有，绝对不要让自己变得悲观。现在的你也非常优秀和美好，原本你就是一个珍贵的存在啊。我为你选择的生活感到骄傲，你选择了一条不畏世人眼光的道路啊。这是多么勇敢、多么了不起的一件事情啊！不要忘记你当初鼓起勇气时的那份心情。你的选择非常棒，这个选择也会带给你很棒的结果。为了达到自己的目标，你一直以来都尽了自己最大的努力，将来还会一直这样努力下去。在选择自己的人生道路时，即使没有人走过这条路，你也还是依旧毫不犹豫地做出了选择。就这样，优秀的你日复一日地向着前方走去。

还有答应我一件事情——不要担心那些未发生的事情！真的到了那一天，你会忘记你曾经的担心，你会适应得很好。你所有曾经担心过的事情都已经成了过去，你一直以来都做得很好。正是因为如此才有了现在的你，比起担心将来，我更希望你能够好好享受当下。对于将来，当下的每时每刻都是非常珍贵和灿烂的存在。我相信只要你在剩下的时间里好好去准备，你就一定能够实现你想要的，并且还会拥有美好灿烂的大学时光。我会为你加油。

Q：我性格有些暴躁。如果我因为某件事情生气的话，就会忍不住扔东西、骂人，大动肝火，试图将错归咎于某个人身上，恶意地去评判他们。我真的很想改掉自己这个毛病，但总是找不到合适的方法。请问我该怎么办才好呢？

A：开始审视自己的内心，这对于我们来说是一件很重要的事情。所以就让我们去克服当下这种心情，让自己成长起来吧。首先，你要明白生气也是你自己的选择。不是因为发生了令你生气的事情，你才生气的；也不是因为有人惹你生气，你才生气的；而只是因为你生气了。但是处于相似情况下的其他人并没有像你这般生气，即使和你身处一模一样的情境下，他们也会在每次要生气的瞬间记得让自己选择去原谅、态度亲切，以及给予理解。你要提升自己内心的包容程度，无论发生任何事情都能融入其中，不露声色。如果是心胸狭窄的人，一件小事也会让他们情绪大爆发，我们的目标是拥有宽广的心胸，足以容纳任何情况。另外要记住，需要改变的不是这个世界，而是我们对这个世界的看法，很多问题的产生都是从我们生活中的偏见开始的。只有当我们摘下了有色眼镜，走出了评判别人的泥潭时，幸福的光芒才会将遮住我们心灵的、名为"评判"的乌云驱散，我们才能获得真正的幸福。

真相是，我们所做的所有判断都可能是误判。我们永远不会，也绝对没有办法能够完全理解某个人的过去，以及这个人自己的故事，所以我们对这个人的判断可能是误判。所有的误判都是我们的傲慢造成的，当我们明白了这一点之后，我们就会开始变得谦虚起来。只有当我们用这种谦卑的态度去面对这个世界的时候，我们才会更加努力地去理解世界和生活在这个世界上的人们。只有当我们不再执着于眼前的断章残篇，开始结合全文去审视整件事情时，才能够让曾经对于某种情况生气不已的自己（现在）选择给予理解。

愤怒这种情绪有选择性的愤怒和无意识的愤怒之分。有时候在必须生气的情况下，心胸宽广的人也会选择让自己发脾气。当然，他们的内心中并不存在愤怒或者敌意这种情绪。特蕾莎修女在印度做义工的时候，印度教教徒曾经拿着石头和木棍等武器气焰嚣张地驱赶天主教教徒，那个时候特蕾莎修女生气地说道："因为现在太忙了，你们先把手里的东西放下，去帮忙搬椅子过来。"一般来说，在那种情况下这群人是不会听从特蕾莎修女的吩咐的，或者会感到更加的愤怒。但是他们无法理解当下这种情况，之后便满脸茫然地帮特蕾莎修女她们搬起行李来了。他们是来恐吓特蕾莎修女她们的，然而特蕾莎修女非但没有害怕，反而表现出很生气的样子，不由分说地指使起这些拿着武器的印度教教徒们，所以这让他们感到有些惊慌失措。最终心胸狭窄的人，被心胸宽广的人所包容。不管是有意识还是无意识，人们总是会去尊敬和追随比自己心胸更加宽广的人。心胸宽广的人已经不再惧怕，即使有人拿着武器来威胁自己，比起害怕，他们反而会用怜悯的目光看着只能出此下策的对方。

无意识的愤怒和选择性的愤怒是不同的。如果你能够成为一个不受愤怒控制，反而能利用愤怒的、心胸足够宽广的存在，那个时候下意识地表达自己的愤怒就成了爱的催化剂，具备了可以改变人们的力量，但是没有到达这个程度的无意识愤怒会被内心的怨恨和敌意所控制。失去了自控的愤怒只会伤人伤己，留下更严重的怨恨和敌意。虽然可以通过愤怒的情绪让某个人感到恐惧，从而达到控制他的目的，但是这种控制注定无法成功，人们的心中对他并无爱意。我们对于自己讨厌的人，连内心很小一块地方都不愿意给他，但是为了我们所爱之人，奉献出自己的一切也无怨无悔。愤怒只会给对方留下仇恨，让他们产生报复心理，理解和爱则会将这种愤怒全部融化。

直到我们能够做到选择性愤怒，直到我们能够真正做到爱与理解，我们才能有所成长，才能找回自己曾让给世界的力量和自己内心的自由。不要再成为感情的奴隶，而是要成为自己感情的主人。为此一旦再遇到让你生气的状况，请试着努力去观察你当时的心情变化。只需单纯观察你脑海中无数想法的动向即可，不要与你的感情融为一体，让自己成为感情的旁观者，去感受和观察这份心情。就那样观察着你固化的思维方式，试着让自己产生怜悯的感觉，和你的想法分离开来，让自己暂时远离你的负面想法，用充满遗憾和同情的眼神看着自己的这些想法。

那个时候，你就可以不再和那种感情融为一体了，之后你就可以慢慢地支配你的感情了。还有，向本来可以不被感情控制，但却一直如此的自己，向因此给自己和他人带来伤害的自己说声"抱歉，这段时间伤害到了你"，然后温柔地抚慰一下受到伤害的自己和他人。并且现在要下定决心去尝试着理解，去尝试着谅解。要记住，在同样的情况下，显然其他人做出了不同的选择。请牢牢地记住，你也可以做出不同的选择。如果别人这样做了，那么你也可以这样去做。向着尝试让自己理解、放下、接受迈出一步，而不是一味地愤怒，这一步足以让你的人生得到改变。

最终，你的成长取决于你是否能迈出这一步。迈出这一步，你就能够稍微了解到什么才是真正的幸福，什么才是真正的自由。迈出的这一步，会给你带来平和轻松的心态，通过感受到目前为止都不曾感受过的幸福，你会坚定自己对于成长的态度，并沉浸其中。人总是会选择那个自己所能做出的最佳选择。请回想一下，你总是尽了最大努力才做出的那个选择，如果你知道还有其他更好的选择，你就绝不会选择它。因此我们不知道还有其他的选择，这份无知让我们无法得到成长，以我们现在要摆脱掉这份无知。让你真正幸福的，不是当这个世界不再转动时，你随心所欲地扔东西、大动肝火的幼稚态度，而是用当下的你内心深处所认同的宽广胸怀去理解、去包容、去谅解、去爱的态度。

解决问题的方法很简单。去选择另一种心态，这就是方法的全部。你如果急于改变，你就会做出选择。如果你感到并不那么迫切，那么你就会停留在原地。是否要做出选择，这也是你的选择。如果你迫不及待，那么就会去选择一种与现在不同的心态。进化与创造，退化与灭亡，每时每刻都在上演着。是固守缠绕着我们的观念，还是抛弃这观念；是要成为戴着手铐的心的奴隶，还是要抛开那沉重的束缚，成为真正自由的存在？这一切都取决于你现在的选择。不要把改变这件事情的希望寄托于明天，改变这件事情，只有在当下这个瞬间才有可能实现。如果你想从明天开始改变，所以推迟做出选择的话，那么到了明天，你还是会将这个选择推迟到下一个明天。

如果你的心情非常迫切，那么你就会选择当下这个瞬间所能做出的决定，去选那个让你感到更为恳切的选项。现在不要被你的想法所束缚，让它影响你的选择，而是要审视你的想法，劝自己做出其他的选择。我真心希望你能够成为自己的主人，重新找回那属于你的自由。你会成功的，就从原谅那一直以来都在发脾气的自己开始做起。绝对不能讨厌自己，你也是有资格被爱的，你只是有些生涩，尚未搞清楚状况罢了。请去向被自己伤害到的人们道歉，然后用爱去治愈那些伤口。真心希望并祝愿你以宽广的胸怀成为自己感情的主人；真心希望你能够找回真正的自由，找回属于你的幸福；真心希望你能够找回属于你自己的人生。

人生、爱与安慰

Q: 金作家您好。请问您可以送我一句让我在疲惫不堪、需要人安慰的时候可以反复去读的话吗?

A: 你现在已经做得很好了,将来的你会做得更好的。在这为成长而生的人生中,无论当下的我们正在做什么,无论当下的我们感觉如何,我们都会因此而获得成长的。所以现在,一定会没事的。尽管有时候我们会因为惨烈的失败而变得犹豫不决,但是我们也会在其中全心全意地去学习、去感受,让自己不断成长起来的。就这样为这件事情画上句号的我们不也很幸福吗?请怀着感恩的心继续向前走下去吧,现在我们没有任何理由抛开这颗感恩的心。不要因为执着于当下的一个不幸就错过环绕在我们人生四周的满满幸福,比起因为一个小小的不幸而错过人生给予我们的珍贵,不如去时时关注这份珍贵,并将其铭记在心。

并且请去相信自己,没有比相信自己还要强大的力量了。尽管有的时候会有令人难以承受的考验压在我们的身上,让我们的双腿颤抖不止,但也不要忘记,这所有的一切都是生活送给我们的礼物,这一切都是为了让我们获得成长。另外，生活希望我们能够成功克服这个挑战，然后振作起来，不断成长；希望我们能够成为一个幸福的存在，它是绝对不会给我们带来让我们无法承受的考验的。所以请怀着喜悦与感恩的心情去接受这个名为"痛苦"的人生礼物，感恩为我们而来的如同宝石一般的礼物，然后继续向前走去。

要把获得成长当作自己的目标，而不是选择追求成功。以获得成长为目的的人，虽然并不执着于获得成功，但是成功还是会自动找上门来，使他们取得成就。以获得成长为目的的人会在自己所有的人生经历中找到那些隐藏的人生意义，并且他们知道自己通过这个考验，正在不断地成长起来，所以他们无论什么时候都能够很坚强。在这样的人生中是绝对不会存在失败这种东西的。我们一定会不断地成长，我们可以用内心的从容与温暖去安慰他人。因为我们的温暖和温柔，我们会受到很多人的尊敬和喜爱，人际交往也会变得更加丰富多彩。

即使现在的你感到很痛苦也没有关系。相信你会因为这痛苦而得到成长，成为更加出色美好的自己。请怀着喜悦的心情去度过属于你的人生吧。到目前为止你已经做得足够好了，我相信将来的你也会做得很好。我会为你加油。

Q：金作家，请问您认为的自由是什么样子呢？

A：我认为真正的自由是内心的完整。我是一个内心幸福的人，无论是在生活中，还是在人际交往中，我都能坚持自己，不会轻易受到别人的影响，从他人的标准或评价中摆脱出来，拥有自己的人生主见——根据自己设定的人生价值去生活。我自身的完整性来自于不被世界上的任何事物动摇的强烈自尊心，因此我能以自身的完整性去迎接属于我的人生。如果我的内心是如此这般坚定，那么世界上的任何事物都不会影响到我，所以这样子的我不就是自由的吗？

我所认为的自由，并不是可以随心所欲地拥有世界上很多东西的这种外在意义上的自由，而是在任何状况下都能够感到幸福的内在的完整。是那种懂得不是因为我拥有什么，也不是因为我正在做什么，而是因为我自身的存在而感到幸福的心态，以及那种无论发生什么，我都会感到幸福的心态。如果说我拥有这种幸福的话，如果说即使是在生活中的任何事物面前我都能保持微笑的话，那么我就获得了真正的自由。

Q：有一天，我男朋友问我："你爱你自己吗？"我竟有些答不上来。我一直都很努力地生活，所以对生活既没有后悔，也没有留恋，我对此也很欣慰，但我觉得我好像并不爱我自己。我什么时候才能爱我自己呢？

A：没关系的。正是因为有这样的苦恼，才会使你去审视自己，所以没关系的，不用过于担心，从现在开始去努力更爱自己一些就可以了。首先，比起依赖他人，要通过历练使自己变得完整。因为只有这样，我们才能学会真正地去爱自己、爱别人，并因此让自己受到更多人的喜爱。请用爱去聆听我们内心深处的故事。起床后，马上用充满爱意的眼神审视自己，无论去哪里都不要忘记自己的样子，让那份心情维持下去。自己吃饭时的样子、自己刷牙时的样子、自己走路时的样子、自己学习时的样子，无论是什么样子，都努力用一腔爱意来审视。请不停地告诉自己："你是一个惹人喜爱的存在，是一个非常珍贵和令人感恩的存在，谢谢你，我爱你，谢谢你，我爱你……"就这样，当我们充满爱意地审视自己的时候，通过我们心脏所感受到的战栗和梦幻般的感觉，我们可以更加努力地去爱自己，任何感情和任何感觉都不会像令人着迷的爱那样让我们感到战栗。

只是迈出第一步会很难，但只要我们真正地迈出了自己的第一步，之后我们就会为了自己的幸福而自觉地去做一切。我们感受到了这个世界上最打动人心、最幸福的感情是什么，除了爱以外的任何感情，对我们来说，再也没有了魅力。除此之外，我希望你能多拥有一些和自己独处的时光。如果一个人独处会让你感到孤独与空虚，那么为了让你珍惜自己、爱自己的自尊心充盈着你空空荡荡的内心，你可以试着一个人去咖啡馆看书，一个人去看电影，一个人压马路，或者一个人去吃好吃的。就这样，当你独自一人将自己变得完整时，你会从朋友以及恋人的关系中发现那个更加受到喜爱的可爱自己。只有珍惜自己、爱自己的自尊心才是这个世界上最迷人的香水。这种香水即使没有华丽的外包装也能够令人们着迷，让他们沉浸在它带来的美好中。为了真正让自己变得美好，请努力去珍惜自己、爱自己。真心希望你能够重新找回完整的自己，以及被这个世界夺走的自尊心，希望你一定要成为幸福的自己。我会为你加油。

Q：我是一个复读生，并且已经复读 N 次了，真的太难了，想要放下一切逃得远远的。请您对我说一句"没关系，都会好的"鼓励我一下吧。

A：没关系，都会好的。这句话我并不是随便说说的，也不是因为你拜托我才说的，是真的没有关系，一切都会好的。等一切都过去了，你就会发现这段经历已经成了你不可或缺的经验。熬过当下这段时间，总有一天你会成为更加灿烂的自己，一定会没关系的。不要让自己的神经过于紧绷，或者太钻牛角尖，尽全力去感受、去爱、去享受属于你的人生。一定不要被现在束缚着你的那种压迫感压垮，不要崩溃。不管你是否能够获得成功，那真的不重要。重要的是，在这个过程中，你是选择了放弃，还是选择了坚持，你是否又全力以赴到最后一刻了；重要的是，你面对生活的态度和热情；重要的是，你面对当下的姿态和过程，而不是那个你将要得到的结果。

实际上，在生活中拥有这种心态才是最重要的，这种心态会让你变得美好，也会让你变得幸福，你要坚强地去面对当下的一切。你一定能做得很好，生活是不会把能够压垮你的那些事情带给你的，它会把你刚好能够承受的考验放在你的面前，然后观察你是否有资格获得幸福。现在已经如此珍贵美好的你怎么会没有拥有幸福的资格呢？现在的你也是一个能够充分享受幸福的存在啊，请放下对结果的负担感。生活对你的评价，不是看你取得了什么样的结果，而是你把这个过程变得有多美好的态度。

请把获得成长作为自己的人生目标吧，放下对结果的执着。如果今天太累了，那么就去休息一下。与其认为这是在逃避，不如认为这是自己给自己的休息时间，然后去稍微休息一下。仔细聆听你内心的声音，如果感到太累了，你要轻轻安慰自己一下，抱着走到底的心态去学习如何让自己从容地对待现在。走在生活这条道路上，坐在荫凉处休息一会儿，抱抱一直以来很辛苦的自己，鼓励自己，为自己加油打气，然后重新上路。重要的是，你没有放弃；重要的是，你正在路上。因为这每一步中的经历都会让我们变得美好，这会成为构成我们存在的一部分。

如果你能够在此刻爱上你的生活，能够充分领略到你生活中的美好，并且感恩当下的自己，那么我希望你能明白，你已经是一个成功的人了，比任何人都要美好，比任何人都要幸福。希望你能够明白你正在学习拥有这种心态的路上，所以有什么好着急的呢！你只是需要通过当下的经历去学习、去成长，仅此而已！如果今天的你比昨天的你成长了许多、幸福了许多的话，那么你就已经完成了我们生而为人的目的！我相信，通过当下给你的这个考验，你会得到更多的成长，会成为更加美好、更加幸福的存在。所以我想对你说："没关系的，你一定会做得很好的。"我会支持你的，真心为你加油。

Q：我的自尊心太弱了，弱到我都不想承认。只有我一个人因此过得累一些也没有什么，但是好像连累得周围的人也过得很辛苦，而且我总是拿自己和别人进行比较，贬低自己，然后把错怪到别人身上，总是在背后说别人的坏话，胡乱指责。仔细想想这都是我的错，我男朋友也喜欢像我这样的人，这让我很无语，所以就想跟他分手。我压力好大，虽然我很想什么也不管，就这样去生活，但好像也不行。我该怎么办呢？

A：你这段时间应该过得很痛苦，很难过吧？抱一下。首先让我们来思考一下指责别人这件事情。指责别人指的是从别人身上发现了什么，并做出了自己的判断，归根结底是投射自己内心某种东西的行为。因为如果我不具备这一点，那么我就不会在别人身上发现这一点。普通人看星星时只会说"好美，好漂亮啊"，但是天文学家则会从银河系的构造和原理方面观察星星。也就是说，我们绝对不会投射自己不知道的东西。所以如果将来有指责别人的想法时，希望你能把它当成发现自己内心问题的好机会。

请把想指责某人的瞬间当作你能够进行自我回顾、自我成长的机会，通过别人找出你隐藏在自己心中的不好的地方。每当你想指责某人的时候，你就有机会审视自己的内心，净化自己的内心。与其指责别人，不如做出更好的选择——原谅他们，然后继续向前走去。在原谅别人的同时，你也是在原谅自己。我们从别人身上看到的不好的地方，同样也隐藏在我们内心之中。当我们在原谅这个人的坏处时，也是在原谅自己内心的坏处。如果你持续这样净化自己的话，总有一天你将再也找不到指责别人的理由，你已经改正了你心中所有的扭曲之处。现在你心里那些不好的地方已经消失不见了，你的内心已经得到了净化，你再也不会在别人身上发现你所没有的东西了。选择原谅的最大受惠者不是得到原谅的人，而是做出原谅别人这一行为的人。你会因此变得幸福，这样可以让你生活得更加美好。

先去原谅自己，再去爱你自己。当你开始原谅你心中的那些东西时，你的自尊心也会得到增强。自尊心弱的时候，如果有人说爱我，我会产生疑问：他为什么会爱上像我这样的人呢？但是当自尊心强的时候，我就会很自然地接受这个事情，因为我认为自己是一个值得被爱的人。就这样去接受别人给你的爱，并将你心中满满的爱意分享给别人。自尊心弱的人多自私自利、自我爱怜，这样的人即使得到了爱，也不知道如何分享自己的爱。自尊心强和自恋，或者说自满是不一样的。自尊心强的人，既知道如何得到爱，也懂得如何分享爱，即使接受了对方的爱意，自己也不会随意对待或利用它。

当你的自尊心变得足够强时，你就会充分地去尊重自己、爱自己，所以也就不会把时间和精力花在寻找别人生活中不好的东西上了。在这段时间你可以做更多宝贵的事情，可以欣赏更多更美丽的风景。所以要先去原谅自己，再去爱你自己。就这样去原谅，去爱那个别人背后的自己，并且不要再拿自己和别人去做比较了。你需要拿来比较的，不是别人，而是昨天的自己。去比较一下昨天的你和今天的你吧，如果说昨天的你指责了某个人，那么今天就要努力让自己的脾气变得好一些。这份努力会让你幸福的，而且这份幸福会不断地给你带来积极的反馈，将来你即使不去特意思考，你也能知道该怎么去做。想象一下，那个时候你的生活会变得多么幸福啊！你将不再是现在这个不断被负面情绪困扰的自己，而是一个既热爱分享，又不断收获幸福与爱的新的自己。

你只是之前没有向谁学习过如何获得那种幸福罢了，所以你只是不太了解，稍微有些生疏罢了。但是你现在了解了，只要向着那个幸福前进就可以了。为此，你现在不得不承受一些痛苦。你从现在这份痛苦中感受到了不幸，并且不想再让自己成为更不幸的存在，你会对幸福变得更加渴望。希望你可以知道你有多么美丽，多么招人喜欢。你比你想象中的还要珍贵，还要惹人喜爱，还要美好。仅仅是你的存在，仅仅凭这一个理由，你就已经是一个耀眼的人了。一直以来，你只是暂时地忘记了而已。你只是为了追赶眼前这个世界，而暂时地忘记了我们的本质和存在的理由。现在请闭上你的眼睛，用你的心来观察这个世界，仔细倾听来自你内心的声音。现在请你开始关心你那颗之前连你自己都不爱，一直以来深陷痛苦的心吧，去爱它吧。你一定要幸福啊，拜托了。

Q：任凭我如何绞尽脑汁地去想，我也没有找到自己的人生目的，所以每一天都觉得自己空虚得快要疯了。请问对于没有目的的人生，您是怎样看呢？

A：你知道人为什么会感到空虚吗？那是因为你将自己出生的本来目的和理由忘得一干二净了。这空虚的痛苦是你的内心在向你传递的信号，请求你现在记起自己出生的目的，请求你务必要记起来，然后去充实自己空虚的内心，让自己重新获得幸福。这就是得到成长，这是我们人生的唯一目的。

请不要试图去寻找人生的目的，而是要记住它。我们被这个眼前的世界所迷惑而将之抛之脑后的，被这个世界夺走了的人生目的。正是因为我们忘记了那个目的，所以才会陷入痛苦之中。现在请记住，没有目的的人生是不可能存在的。每个人都是带着同样的目的出生在这个世界上的，只是因为种种原因，我们暂时忘记了自己生而为人的这唯一目的罢了。

请你重新找回自己失去的光芒，重新绽放。每一天，都努力让自己变得更加闪耀，更加完整。每个瞬间，都努力去成为比昨天更加亲切的人吧，努力让今天的自己比昨天的自己更加真诚、更加正直，努力去理解和原谅那些你曾经讨厌和怨恨过的人吧。如果昨天的自己因为害怕而对某件事情举棋不定，那么今天就鼓起勇气去挑战一下。在每一天的经历中，请尽最大努力去发现隐藏在其中的意义和价值，并对此表示感谢吧。即使到了磨难降临、你快要被挫折打倒的时刻，如果你能懂得并感谢它给你带来的意义，那么你的存在也不会失去光芒。任何痛苦、任何考验都不是为了打倒你而来的，这所有的一切，都是生活为了让你成为更加幸福的存在而送给你的礼物。现在请仔细观察这份礼物，努力让自己学会感恩。

生活到底给深陷空虚而痛苦不已的你送了什么样的礼物呢？是不是那个曾被你遗忘的人生目的，让你重新找回了请你幸福下去的那名为"成长"的礼物呢？比起昨天的自己，今天的你要对自己的生活充满更多的感恩之心。请尽最大努力，真诚地去感受生活中的每一个瞬间，并从中学习到一些东西。如果是这样的人生，如果你记起了你的人生目的，那么空虚就不会继续弥漫在你的内心之中，什么东西都不会影响你成为完整和幸福的自己。

就这样日复一日，你找回了自己那充满了意义的生活、闪耀着光芒的眼睛和跳动着的心，成为了幸福的自己。真心希望你能够记住你的人生目的——得到成长，并一天一天地去完成它。真心希望你成为一个幸福的存在，找回失去的光芒和美好；真心希望吞噬你的空虚之云，现在能够消散。请不要忘记我们生而为人的目的并不在于我们的外在，而是在于我们的内心。那空虚的痛苦，就是生活向我们传递的信号——好好观察一下我们当下的内心，为了得到成长而生活下去。你一定要幸福啊，一定哦。

Q：现在我和以为会携手走过一辈子的朋友变得疏远了，工作也不顺心。我现在整个人感到好郁闷，我该怎么办才好呢？

A：生活既然有顺境，那么与此同时就一定存在着逆境，就像生活中不可能只有好事而没有坏事的道理一样。所以请放下那些只希望有好事发生的期待，多多做一些应对不好的事情的练习，让自己变得更加从容一些。这种心态可以更好地守护我们的旅程。

你要学着接受那个好像会永远守护在你身边的人可能会从某个瞬间开始就与你变得疏远起来，那个你曾经非常讨厌的人可能不知道从什么时候开始就与你变得亲近了起来。与其过分执着于一段关系，请鼓起勇气去接受它可能会离开你的事实，这种勇气给你带来的从容会让别人眼中的你看起来更加舒服。所以不要试图将一切都握在手中，你的这种执着会让你和你身边的人都感到疲惫。不要被可能会发生的离别所产生的忧虑与恐惧束缚、压迫，而是要通过专注于当下并给予全面的理解，从而建立起一段更加舒适和健全的关系。世事无常，所以不要去依赖不知道什么时候就会消失不见的外部事物，而是去相信自己的成长，以及自己的成长所带给自己的幸福。因为真正的幸福从来不是来自某种情况或者某个人，而是来自你内心的完整感。

所以你要经常保持自己的完整性。请真心实意地去爱你自己，爱你自己的人生；请找回被这个世界夺走的属于你的幸福，并且守护好它。过去你在考验面前左右摇摆，甚至现在也是如此，但都没有关系。这是生活为你准备的礼物，为了让你通过这份痛苦而让自己获得更多的成长，获得更完整的幸福，所以没关系的，一定没关系的，明白了吗？请怀着喜悦的心情去拥抱你的生活，去让自己成长起来，这就可以了。为此你必须要经历当下这段痛苦的时光，所以没有关系的。请咬紧牙关去承受这份痛苦，你会成功克服这份痛苦的，你会成为一个心胸更加宽广、更加有内涵的人。希望你能够以愉悦的心情去接受这份名为"痛苦"的礼物，并让自己得到成长。希望你能以坚定的完整的内心获得真正的幸福。我会为你加油，你一定可以成功的。

Q：我希望能够快一些得到您的回复。我生病了，不是某个地方很痛，而是全身都很痛，特别难过。请您安慰一下我吧。让我每当感到自己很累的时候可以拿出来看一看。

A：一切都会好起来的，即使你现在痛得快要死去，痛得无法呼吸。但没有关系，一切都会好起来的，我们会因这份痛苦而更加努力地去获得幸福。我们一定会获得幸福，一定会没事的。只是你如果能够更幸福一点儿就好了，你已经很幸福了。

你现在已经看不到你内心的幸福，而转头去追逐其他东西了，所以你才会感到痛苦。你的内心正在对这样的你说："现在请看看我吧。"世界从来不会给你带来让你无法承受的痛苦与悲伤，一切都会在你的承受范围之内，所以请务必怀着喜悦的心情去接受这份为了让你成长而来的名为"痛苦"的礼物。这份痛苦只是想让你得到成长罢了。

现在的你也非常惹人喜爱，非常美好，你本来就很珍贵。我很感谢这样的你，你的存在本身对我来说就是一份礼物。我希望你的存在本身也能成为你自己的礼物，并且你已经做得很好了。到目前为止，尽管当下这段人生既辛苦又痛苦，但还是感谢你坚持了下来，并且做得很好。我希望你能够把这些话讲给自己听，以后你也会像现在一样，一定会做得很好的。你一定会做得很好的，我相信你。请你也相信那样的自己吧，让我们一起坚信着，一起加油，一起前进吧。如果累的时候能够这样相互安慰着前进的话，我们的内心就会变得无比踏实，所以就让我们这样好好地生活下去吧。

　　我会真心支持你的。希望能让你感到快乐的事情越来越多，希望你今天比昨天更快乐，明天比今天更快乐。如果你感到很幸福，那么这也会给我带来快乐与幸福。为了你自己，也是为了我，你一定要让自己幸福啊，拜托了。现在也足够幸福的你，值得被爱的你，本来就很珍贵而又美好的你，我希望这样的你一定要幸福啊。最重要的是我希望笑起来最漂亮的你，今天比昨天拥有更多的笑容，明天比今天拥有更多的笑容。希望你能够一直这样美好，笑一笑吧，对着本来就很珍贵的自己。

如果我们失去了自尊心，变得不再珍惜真实的自己，不再爱真实的自己，并因而无法珍惜我们的人生和我们存在本身的话，我们是绝对不会幸福的，我们在人生中的任何时刻都要守护好我们的真实。如果你为了追求那些虚假的欲望和光鲜亮丽的世界而背弃了自己的真心，如果你开始戴上面具去生活，那么你就会因为缺乏真心而感到痛苦。连你的爱都得不到的、被你抛弃掉的你的真心会在某个角落里独自舔舐伤口，痛苦万分。

在为了得到成长而活的这一生中，如果在这个世上，我们能始终守护着自己的真实，守护着自己的颜色和魅力，守护着这份本来的美好所带来的珍贵的话，那么无论我们拥有什么、做什么，我们都会无条件地获得幸福。不断成长的过程本身就是一件值得感谢的事情。

为了得到成长，我们每天都会经历无数的生活历练和人生课题，并且不断地克服它们，然后继续向前走去。我们总会在学习中发现属于我们的人生意义和价值，并为之怦然心动。我们不再害怕起床，因为新的一天让人既期待又高兴，每天一睁开眼，那些令人心动的期待就会让我们的心情变得舒畅起来。

人生在世，我们不要失去我们的真心，也不要忘记我们的真心，而要好好地守护我们的真心。否则生活回馈给我们的只会是活着的死亡、枯萎的虚妄。要尽全力地去生活，不要再让我们灿烂的魅力枯萎、褪色、消失了。这一切，都拜托你了。

也许你们早已知道我所说的这些话，但我还是想把这些已经被忘却了的话深深地镌刻在你们的心中，并希望你们能够因此获得真正的幸福，摆脱空虚的心灵，过上充实而丰富的生活。我怀着希望你们幸福的真心和诚意来写下这本书中的每一句话。

我恳切地希望被我的真心吸引过来读这本书的你们，能够找回被这个世界夺走的那属于你们的自由、完整、自尊与真诚。我会为你们加油。

我也曾摇摇晃晃地用颤抖的双腿支撑起生活的重压，有时候也会感到难以承受。我有过这种经历，所以我也非常愿意支持同样境遇的你们，给予你们安慰。

我知道在让你们痛苦万分的当下，能够安慰到你们的，不是别的什么，而是拥有过同样经历的人的深深共鸣。

如果没有经历现在的痛苦，我们就会停滞不前，不会想到要成长、要找回真心、要获得幸福，所以我们一定要经历当下这份痛苦。就算痛苦，也没关系的，因为这份痛苦，我们会成长得更加茁壮，所以真的没关系的。这就是在这本书中，我想要说的。

希望你在合上这本书之后，能够相信我所说的，尽管你还是很痛苦，但我希望现在的你能够怀着喜悦的心情去感受这份痛苦。

因为，即使你痛苦万分，也一定会没关系的。

因为，你本来就很珍贵。